燃气轮机发电机组热控系统可靠性优化与故障预控

中国自动化学会发电自动化专业委员会/组编　　方建勇/主编

U0260606

中国电力出版社
CHINA ELECTRIC POWER PRESS

内 容 摘 要

为贯彻落实"安全第一，预防为主，综合治理"的安全生产方针，提高热控系统的可靠性和机组运行的安全稳定性，针对燃气轮机发电机组热控系统曾经发生故障的原因、事故的教训和运行检修维护管理工作中的问题，经专题研究后，提出了《燃气轮机发电机组热控系统可靠性优化与故障预控》技术措施。

本技术措施可作为燃气轮机电厂热控专业深化管理，制订电厂热控系统反事故技术措施的指导性文件，供燃气轮机电厂热控系统设计、安装、调试、检修、试验、维护、运行及监督管理人员参考。

图书在版编目（CIP）数据

燃气轮机发电机组热控系统可靠性优化与故障预控/方建勇主编；中国自动化学会发电自动化专业委员会组编 . —北京：中国电力出版社，2019.3（2019.6重印）
ISBN 978-7-5198-2954-4

Ⅰ.①燃… Ⅱ.①方… ②中… Ⅲ.①燃气轮机—发电机组—热控制—控制系统—系统可靠性—研究 ②燃气轮机—发电机组—热控制—控制系统—故障—预防 Ⅳ.①TM621

中国版本图书馆 CIP 数据核字（2019）第 052458 号

出版发行：中国电力出版社
地　　址：北京市东城区北京站西街 19 号（邮政编码 100005）
网　　址：http://www.cepp.sgcc.com.cn
责任编辑：娄雪芳
责任校对：王小鹏
装帧设计：王红柳
责任印制：吴　迪

印　　刷：北京天宇星印刷厂
版　　次：2019 年 3 月第一版
印　　次：2019 年 6 月北京第二次印刷
开　　本：850 毫米×1168 毫米　32 开本
印　　张：2.625
字　　数：58 千字
印　　数：2001—3000 册
定　　价：29.00 元

前　言

国家能源局颁布的《防止电力生产重大事故的二十五项重点要求》（国能安全〔2014〕161 号）、DL/T 774—2015《火力发电厂热工自动化系统检修运行维护规程》、电力系统一直以来持之以恒开展的技术监督工作及近几年来持续开展的设备安全性评价和精细化管理工作，都对防止电力生产重大事故、提高热控系统的可靠性、保证火电厂安全经济运行发挥了重要作用。

近年来，随着燃气轮机机组增加，由于系统设计、设备选型、安装调试和运行环境变化等诸多因素影响，使得热控系统设计的科学性与可靠性、控制逻辑的条件合理性和系统完善性、保护信号的取信方式和配置、保护连锁信号定值和延时时间的设置、系统的安装调试和检修维护质量、热控技术监督力度和管理水平都还存在着一些薄弱环节，由此引发热控保护系统可预防的误动，甚至机组误跳闸事件仍时有发生，影响着机组的安全经济性和电网的稳定运行。在电力工业发展进入大电网、大机组和高度自动化以及电力生产企业面临安全考核风险增加和市场竞争环境加剧的今天，进一步深化热控专业管理，完善热控系统配置，提高热控系统设备运行可靠性和机组运行的安全经济性已至关重要。

为此，杭州华电下沙热电有限公司主持，中国自动化学会发电自动化专业委员会组织了国网浙江省电力有限公司电力科学研究院、江苏华电戚墅堰发电有限公司、中国华电集团有限公司基建工程部、浙江大唐国际江山新城热电有限责任公司、京能高安屯燃气轮机发电有限责任公司、浙江浙能技术研究院有限公司、中国华电集团有限公司浙江公司、华电浙江龙游热电有限公司、江苏国信淮安燃气发电有限责任公司、南京工程学院等单位成立项目组，在调研、收集、分析、总结全国燃气轮机机组近年来热控系统故障发生的原因及事故教训、热控设备运行检修维护管理经验与问题的基础上，通过深入研究，编制了《燃气轮机发电机组热控系统可靠性优化与故障预控》技术措施，以供电力行业燃气轮机发电机组热控人员在进行专业设计、安装调试、检修维护、技术改进和监督管理工作时参考。

本技术措施编制完成后，在一些电厂进行了实际应用检验；中国自动化学会发电自动化专业委员会两次组织全国性电厂专业人员进行讨论和征求意见，于 2018 年 12 月 21 日通过审查。

本技术措施由中国自动化学会发电自动化专业委员会提出。

本技术措施由中国自动化学会发电自动化专业委员会技术归口并负责解释。

本技术措施负责起草单位：杭州华电下沙热电有限公司、国网浙江省电力有限公司电力科学研究院、江苏华电戚墅堰发电有限公司。

本技术措施参加起草单位：中国华电集团有限公司基建工程部、浙江大唐国际江山新城热电有限责任公司、京能高安屯燃气轮机发电有限责任公司、浙江浙能技术研究院有限公司、中国华电集团浙江公司、华电浙江龙游热电有限公司、江苏国信淮安燃气发电有限责任公司、南京工程学院。

本技术措施审查人员：金丰、朱北恒、华志刚、尹峰、张瑞臣、丁永君、陶勇、袁广武、席建忠。

本技术措施主要起草人员：方建勇、章禔、孙长生。

本技术措施参加起草人员：陈海文、胡建根、苏烨、丁智华、梁华锋、齐桐悦、王凤明、刘晓亮、金向阳、朱达、俞军、陈昊、俞立凡、丁俊宏、胡伯勇、王蕙、黄 荣、周晓宇、张中林、吉 杰、吴龙剑、周屹民、邹健。

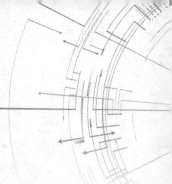

目　　录

燃气轮机发电机组热控系统可靠性优化与故障预控

1 范围

1.1 为进一步贯彻"安全第一、预防为主、综合治理"的安全生产方针，深化专业管理，完善燃气轮机发电机组热控系统（以下简称"热控系统"）配置，减少热控系统故障，提高热控系统可靠性和燃气轮机发电机组运行的安全稳定性，特制定《燃气轮机发电机组热控系统可靠性优化与故障预控》技术措施。

1.2 本技术措施给出了热控系统可靠性优化及故障预控技术措施方面的指导性要求，适用于燃气轮机发电机组的热控系统基建及改造过程中的设计、安装、调试和生产过程中的检修、维护、运行及监督管理工作。

1.3 本技术措施并不覆盖热控系统全部技术措施，电力建设和电力生产企业应根据本措施和已下发的相关反事故技术措施，紧密结合燃气轮机发电机组的实际情况，制订适合本单位机组运行的反事故技术措施，并认真执行。

2 规范性引用文件

下列文件中的条款通过本技术措施的引用而成为本技术措施的条款。凡是注日期的引用文件，其随后所有的修改单（不包括勘误的内容）或修订版均不适用于本技术措施，然而，鼓励根据本技术措施达成协议的各方研究是否可使用这些文件的最新版本。凡是不注日期的引用文件，其最新版本适用于本技术措施。

GB 4830　工业自动化仪表气源压力范围和质量

GB 18218　重大危险源辨识

GB 50660　火力发电厂设计技术规程

DL/T 261　火力发电厂热工自动化系统可靠性评估技术导则

DL/T 657　火力发电厂模拟量控制系统验收测试规程

DL/T 659　火力发电厂分散控制系统验收测试规程

DL/T 774　火力发电厂热控自动化系统检修运行维护规程

DL/ T 924　火力发电厂厂级监控信息系统技术条件

DL/T 656　火力发电厂汽轮机控制和保护系统验收测试规程

DL/T 1056　发电厂热工仪表及控制系统技术监督导则

DL/T 1340　火电发电厂控分散制系统故障应急处理导则

DL/T 1925　燃气—蒸汽联合循环发电机组热工自动化系统检修运行维护规程

DL/T 5004　火力发电厂试验、修配设备及建筑面积配置导则

DL/T 5175　火力发电厂热工控制系统设计技术规定

DL/T 5182　火力发电厂热工自动化就地设备安装、管

路、电缆设计技术规定

DL/T 5190.4 电力建设施工及验收技术规范第 4 部分：热工仪表及控制装置

DL/T 5227 火力发电厂辅助系统（车间）热工自动化设计技术规定

AQ/T 9002 生产经营单位生产安全事故应急预案编制导则

Q/LD 208005 危险源辨识与风险评价控制程序

NEMA4X 防雨、防尘、防腐（室内/外）

国能安全〔2014〕161 号 防止电力生产事故的二十五项重点要求

国家电力监管委员会第 5 号令文件

电力二次系统安全防护规定

3 总则

3.1 可靠性要求

3.1.1 控制系统和装置分类

3.1.1.1 A类控制系统和装置，是指机组从启动、并网、正常运行至停运过程中，涉及安全、经济、环保且必须连续投入运行的控制系统和装置。A类控制系统和装置包括但不局限于以下系统：

    a) 燃气轮机控制系统（TCS）、燃气轮机紧急保护系统、燃气轮机火灾保护装置、燃气轮机燃烧监测保护装置、燃气轮机危险气体保护装置、烟气连续监测装置（CEMS）。

    b) 机组分散控制系统。

    c) 汽轮机数字电液控制系统（DEH）、汽轮机紧急跳闸系统（ETS）、汽轮机监视仪表（TSI）、旁路控制系统（BPC）。

    d) 机组协调控制、机组转速与负荷控制所涉及的控制子系统。

    e) 主设备开关量控制系统（OCS）。

    f) 单独配置的天然气首末站、调压站、前置模块控制系统和装置。

    g) 对外供热控制系统。

3.1.1.2 B类控制系统和装置，是指机组连续运行过程中，可根据控制对象要求，作间断式（间断时间不超过12h）连续运行的控制系统和装置。B类控制系统和装置包括但不局限于以下系统：

    a) 燃气轮机进气反吹控制装置。

b）化学水处理、精处理程序控制系统。

c）制氢储氢、制氨储氨控制系统。

3.1.1.3 C类控制系统和装置，是指除上述A、B类之外的系统，当该类系统或装置故障时，仍能够通过手动完成其相应功能而不影响机组安全运行的控制系统和装置。

3.1.2 设备分类

3.1.2.1 A类设备，是指故障（包括冗余、电源、接地设备）时，将对该类控制和装置以及所包含的重要设备的安全运行构成严重威胁，可能导致机组中断运行、环境保护失去监控功能或产生环境污染的设备。A类设备包括但不局限于以下设备：

a）用于主重要回路的电源、气源、防护装置及回路部件。

b）重要压力管道、容器上的强制性检定仪表与装置。

c）天然气母管、支管及贸易结算用的温度、压力、流量、称重仪表、装置及回路部件。

d）热网供气、供水母管及贸易结算用的温度、压力、流量、称重仪表、装置及回路部件。

e）经济成本核算用的温度、压力、流量、称重仪表、装置及回路部件。

f）涉及机组安全、经济运行的重要保护、连锁和控制用仪表、装置及回路部件。

g）主参数监视与环保监测仪表、装置及回路部件。

3.1.2.2 B类设备，是指故障时将导致该类控制系统部分功能失去，短时间内不会直接影响但处理不当会间接影响控制对象连续运行，导致控制对象出力下降、控制范围内主要辅助设备跳闸、主要自动控制系统和主要设备连锁无法投运，或者失去主要监测信号的热控设备。热控系统B类设备包括但不局限于以下设备：

> a) 机组启、停和正常运行中，需监视和控制的参数所涉及的仪表、装置及过程部件。
>
> b) 一般保护、连锁和控制用仪表、装置及过程控制部件。
>
> c) B类控制系统所涉及的主要监视和控制用仪表、装置及过程部件。

3.1.2.3 C类设备，是指未列入 A、B类设备的所有设备。

3.1.3 分类标识

3.1.3.1 应对测点与设备的安全属性（保护、控制、报警等）进行分类，通过挂牌颜色予以区别。用于主保护动作的 A 类设备应挂醒目的红色标牌，用于连锁和报警的 A 类设备应可挂黄色标牌，仅提供显示的设备标志不标注颜色。

3.1.3.2 涉及重要保护的控制盘、柜，可通过盘、柜名称的颜色区别。用于主保护的控制盘、柜名称可用红色标牌。

3.1.3.3 应采用电源接线挂牌的方式，对同一控制柜内的交、直流电进行区分标识，防止人员误碰、误操作。

3.1.3.4 在控制系统机柜接线端子排中，应将带有保护、连锁的接线端子用红色字体标红，防止热控人员误拆除带保护、连锁的接线。

3.1.4 可靠性评级

3.1.4.1 应根据 DL/T 261 要求，对热工自动化系统与设备，按重要性进行 A、B、C 三类分类，按设备质量和维修质量进行一、二、三级设备可靠性评级、编制清册和统计台账，进行可靠性管理与评估。

3.1.4.2 应对因热工自动化系统的设备隐患、故障引起的运行机组和辅机跳闸故障，按 DL/T 261 规定进行分类、分级统计与管理。按 DL/T 1340 要求制订切实可操作的故障应急处理预案，定期进行反事故演习和故障应急处理能力的评估。

3.1.4.3 应根据 DL/T 774 规定，结合系统与设备的重要性分类和可靠性级别、在线运行质量和实际可操作性，制定热工自动化系统与设备的维修周期并实施管理。

3.1.4.4 应依据法规和标准规定，参考控制系统制造厂提供的维修文件、同类型机组的检修经验以及系统、设备状态评估结果，并综合考虑维修设备配置、维修人员能力、资金投入、技术和管理水平等因素，合理确定控制系统及设备的检修方式、检修周期，制订控制系统运行维护与检修试验工作质量过程控制计划。

3.1.4.5 控制系统及设备检修，应贯彻"安全第一"的方针，杜绝各类违章，确保安全。应从检修准备开始，制订各项计划和具体措施，完善程序文件，推行工序管理，做好检修、验收和检修后评估工作，实行标准化作业。按 DL/T 1056 的规定进行全过程技术监督与可靠性管理，并根据作业流程和质量要求，设置控制点（H 点或 W 点）。对于涉及控制系统安全性能及重要功能的检修、试验验收项目，应采取"H"验收方式。其他检修、试验验收项目可采用"W"验收方式。

3.1.4.6 应对控制系统内、外部设备（包括软件功能）工况实行全方位管理，及时发现和处理运行中发生的设备故障、缺陷和不安全问题，无法处理消除的应采取防止故障与缺陷扩大的防范措施。影响发电机组安全经济运行的遗留缺陷，应制订整改计划并在规定的时间内完成整改。

3.1.4.7 控制系统技术管理的有效性，直接影响发电机组的安全与经济运行。应将检修试验、运行维护与技术管理有效结合，制定、健全对应的各项技术规程、规章制度，为专业人员开展检修、运行、维护与管理工作提供依据。

3.1.4.8 应健全专业管理制度，加强专业人员的标准与安全意识教育和专业技能与规范操作培训，确保所有影响分散控制系统、设备运行维护与检修试验质量的工作，都由合格人员使用合格的工具并在规定的受控条件下，按照规定的技术标准、规程、细则或其他相应文件，实行监护制，开展并完成对应的控制系统与设备运行维护与检修试验工作。

3.1.5 检修维护

3.1.5.1 燃气轮机发电机组热工自动化系统运行维护与检修的主要任务如下：

    a) 停机定期检修工作，应包括设备和部件的清扫与检查、易损部件的更换、所有接线和接插件紧固、检修后控制系统基本性能与应用功能试验、监控功能核查与动态试验、检修与试验后验收；

    b) 定期维护工作，应包括测量参数显示与准确度抽查、模拟量控制系统运行品质、开关量控制系统运行状态、当前趋势记录曲线和历史趋势记录曲线检查，相应设备的在线试验、缺陷消除、故障应急处理和故障应急处理演练等；

    c) 日常维护工作，应包括硬件、软件工作状态巡检、异常状态与故障分析处理，定期试验与部件更换等。

3.1.5.2 热工自动化系统的检修与试验周期，原则上随机组检修周期进行；但可根据设备运行状况和 DL/T 261 确定的原则及时进行调整与管理，以确保检测参数准确、保护连锁动作可靠、控制策略合理、系统运行稳定。

3.1.5.3 应根据 DL/T 774 相关规程要求，进行控制系统基本性能与应用功能的全面检查、试验和调整，以保证各项指标达到规定要求。检查、试验和调整工作内容与时间，可参考 DL/T 261 要求确定后，列入机组检修计划。

3.1.5.4 热工自动化系统与设备的配置及维修更换，应按照 DL/T 261 确定的原则进行。

3.1.5.5　热工试验室应符合 DL/T 5004 规定，计量仪器配置准确度、数量与范围，应满足机组运行维护、检修与试验的需求。

3.1.5.6　应通过维修管理系统，建立健全技术档案资料，实行从设备选型、使用、检修、维护、检测到报废的全过程计算机管理，及时掌握设备在整个使用过程中的质量。通过数据统计和设备检定的溯源数据分析，为设备的改造提供依据，以促进设备的完好率、准确率和检修工艺质量的不断提高。

3.1.5.7　应重视维修接口管理工作。实行检修维护外包的发电企业，所有参与热工自动化系统与设备检修、维护工作的单位，应确定检修、维护项目的工作联系人，以书面形式明确规定各单位和部门的技术管理职责及义务，并确保接口始终处于受控状态。

3.1.5.8　制定并有效执行各项规程管理规定，认真落实各项热控系统反事故措施（包括单点信号保护，应列有清单并已采取有效防误动措施，信号变化率保护定值设置合理；重要阀门和设备在控制电源失去后的状态应列有清单，并充分了解其对机组的安全影响）。

3.1.5.9　所有进入控制、保护、连锁系统的就地一次检测元件以及可能造成机组跳闸的就地部件，均应通过设备挂牌的颜色予以区别；用于主保护动作信号的 A 类设备应挂红色标牌，用于连锁与报警信号的 A 类设备应挂黄色标牌；人员进入电子设备间和工程师站也应采取有效管理措施。

3.2　报警信号与定值管理

3.2.1　报警信号分级原则

3.2.1.1　热工控制系统（或装置）的报警信号应至少分成三级，当采用四级时，优先级别按以下逐渐递减：

a）一级报警为关键报警消息，应在短时间（如 2min）内响应处理，该类报警宜设置为自动处理和同时发出声音报警（音调宜比二级高，延续时间宜比二级短，重复率宜比二级快）。

b) 二级报警为紧急报警消息，应在较短时间（如7min）内响应处理，该类报警可由操作人员手动处理，宜发出声音报警。

c) 三级报警为建议消息，需要操作人员手动处理。

d) 四级报警为信息消息，该类报警不会对正常运行产生影响，无需对四级报警作出立即响应。

3.2.1.2 机组集中控制室应设置大屏幕显示器，除对各级报警数量做出限制和报警优先级进行合理排序外，同时应满足下述要求：

a) 一级报警信号应在大屏幕上直接显示；

b) 二级报警信号应在大屏公用信号牌显示，点击后有进一步详细报警信号显示；

c) 三级报警信号应在显示屏上显示；

d) 四级报警信号，存储于系统中用于后续查询。

3.2.1.3 报警信号系统，应能满足下述要求：

a) 以声音、视觉、记录及时正确的响应设备故障、过程偏差或者异常状态信息；

b) 应避免信号频繁报警、长时间报警、误报警，而导致运行人员疲倦于报警信号的处理；

c) 应防止定值设置过大不能起到预告警作用，或操作人员忽略高优先级报警而导致操作处理不及时带来的事件扩大；

d) 应能在多信号报警发生时，为运行人员筛选出首要报警信号，并提供必要的信息，用于运行人员操作时参考，采取正确的操作。

3.2.2 报警管理

3.2.2.1 控制系统或装置的信号报警系统设计时，应满足 3.2.1.1～3.2.1.3 要求。

3.2.2.2 已投用的热工报警系统，应结合运行实际和 3.2.1.1～ 3.2.1.3 要求进行优化。

3.2.2.3 控制系统或装置的报警显示窗口，除显示当前活动的报警信号，应提供分类、过滤、屏蔽、挂起等功能。对于已经分级的报警，宜为每一个报警创建推荐的操作响应指导。

3.2.2.4 应对报警管理数据库中大量报警数据，进行统一管理和相关联分析，实现报警系统持续改进；应根据评估结果得出需要改进的环节，采取修正措施，按照变更管理程序文件的要求检查并实施这些推荐的修正措施。

3.2.2.5 控制系统或装置宜具有自动创建报警性能数据（如每个区域的报警数量、每小时的报警数量、超过一定次数的同一个报警等）统计报表的功能，用于对报警系统的性能进行评价和改进。

3.2.2.6 电厂应在生产技术部门的统一管理下，由检修、运行的各专业技术人员一起，每二年一次对报警系统进行评估，评估的性能指标包括但不限于：

    a）报警频率；

    b）操作人员响应时间；

    c）特定操作行为。

3.2.3 定值管理

3.2.3.1 热控系统保护与报警信号定值，应由企业总工程师或生产负责人正式签发下达，运行机组应每两年修订一次。更改保护与报警信号定值，应由企业最高技术负责人签字批准，并做好记录。

3.2.3.2 生产技术部门是热控系统报警、保护定值管理归口部门，负责组织有关专业人员对维护部门编制的报警、保护定值清册的合理性、准确性进行审核，分发经过批准发布的热控系统报警、保护定值清册。

3.2.3.3　热控检修维护部门应负责热控报警、保护定值清册的编制，并按照批准的定值清册进行报警、保护定值的设置与校验工作。定值的校验与变更设置过程应有专人监护，并由热控检修维护部门技术负责人验收。

3.2.3.4　新建机组保护与报警信号定值管理工作，从设计阶段开始至机组试运行结束：

    a）新建机组整套启动前，调试人员应根据电厂生产准备部门提供的热控系统报警、保护定值（企业最高技术负责人签发），完成对机组显示参数和报警信号定值分组、分级、分色抽查，开通操作员声音报警，并对所有连锁、保护定值进行试验核对。报警定值抽查正确率应不低于 95％，否则应全部核对；连锁、保护定值抽查正确率应为 100％。

    b）新建机组试运行结束后 30 天内，应由运行和机务人员完成对热控报警、保护定值的重新确认，由热控人员完成对参数量程、报警定值、连锁定值、保护定值和延时时间设置的全面核对、整理和修改。报警定值抽查正确率不应低于 99％，否则应全部核对；连锁、保护定值抽查正确率应为 100％。

3.2.3.5　在役机组的连锁、保护与报警信号定值修订，应每二年一次，并满足下述要求：

    a）二年期间内，若定值发生变更应做好记录，可在原定值清册上修改，但应加盖部门技术负责人或部门印章并注明修改日期。

    b）机组大修时，应对连锁、保护与报警信号定值进行全面核对，连锁、保护与报警信号定值设置正确率应为 100%。

3.3　过程可靠性控制与技术监督

3.3.1　一般要求

3.3.1.1　热控系统过程可靠性控制与技术监督，应贯穿于电力建设（从机组设计、安装调试、整套启动到试运行）和电力生产（商业运行、维护、检修）整个生命周期。

3.3.1.2　应在充分掌握控制模件特性的基础上，制订控制系统故障处理和模件更换的安全措施及操作步骤，并经实际验证可靠。

3.3.1.3　热控系统和设备的设计、基建、运行维护和检修过程的可靠性评估，应按照 DL/T 261 规程要求定期进行。

3.3.2　基建过程

3.3.2.1　设计阶段可靠性控制与技术监督，应按 GB 50660、DL/T 261、DL/T 5175、DL/T 5182 要求进行，并收集、分析、总结同类型投产机组控制系统可靠性控制经验与教训，用于过程设计优化。

3.3.2.2　安装、调试阶段可靠性控制与技术监督，应按 DL/T 5190.4、DL/T 261、DL/T 1925 要求进行，结合施工前收集、分析、总结的以往机组安装调试过程可靠性控制经验与教训，对施工前的专业人员培训，指导施工过程中的检查与整改、整套启动前的质量可靠性评估、投入商业运行前的考核指标与质量可靠性全面评价。

3.3.3　生产过程

3.3.3.1　热控系统与设备的试验、校验和维修周期，应按照国家、行业标准和制造厂推荐的规定，结合系统与设备的重要性分类制定，并根据可靠性评估结果动态修订。

3.3.3.2　不宜在机组运行过程中进行组态下装。如必须在机组运行过程中下装时，应将控制模件所控制的设备尽可能全部切至就地手动操作、隔离该控制模件的所有通信点，并强制与之对应控制模件的连锁关系点和不同控制柜间的硬接线点。

3.3.3.3 定期核对机组控制系统的报警信号，确认符合3.2.1.1～3.2.1.3要求。

3.3.3.4 对于严重影响机组安全、经济和环保运行的问题，应及时安排机组停机处理。若无法及时处理，在做好充分的安全措施和技术措施，确保热控系统和设备不会对机组安全、经济和环保运行造成影响的前提下，应约定时间并在约定的时间内完成处理。

3.3.3.5 机组运行中，易受干扰的测量部件与设备处（如TSI探头、超声波仪表等）应贴有警示牌，严禁磁性物体接近测量元件，或其他物体触碰测量元件。在离测量元件5m处严禁使用步话机通话。除非经过抗干扰性能测试证明可靠，否则不宜在运行机组的控制系统电子设备间、工程师站内使用步话机和手机。

3.3.3.6 应充分利用大数据分析功能，对MIS、SIS中蕴藏的大量数据进行分析，将测试数据与规程规定值、出厂测试数据值、历次测试数据值、同类设备的测试数据值进行对比，从中了解数据的变化趋势，作出正确的综合分析、判断，进而采取有效的防范措施。

4 控制系统可靠性优化措施

4.1 选型原则

4.1.1 热控系统和设备选型，应贯彻"安全可靠、经济适用"的原则，除燃气轮机岛控制系统有规定，必须由设备制造厂配套提供外，汽机岛控制系统可采用经过工程实践检验可靠、价格性能比高、软件功能修改方便、备件供货快捷、服务响应及时的不同品牌分散控制系统。

4.1.2 同一发电集团同一区域或相邻区域内，新建、扩建或改造的同一家电厂，宜选用相同的热控系统和设备，以降低备品备件的种类。

4.1.3 主机厂配套提供的其他监测、控制装置和设备，宜选择在火力发电厂普遍使用、长期运行可靠、无备品备件后顾之忧的产品。在不影响机组安全运行的情况下，鼓励尝试使用新设备。

4.2 燃气轮机控制系统

4.2.1 控制器

4.2.1.1 主控制系统和后备保护系统，均应采用冗余控制器。主控系统失效后，后备保护系统仍应可靠地实现机组保护功能。主控系统和后备保护系统任一控制器失效时，均应不影响机组的控制和保护功能，同时应提供可靠的报警诊断信息。

4.2.1.2 应严格遵循机组重要保护和控制分开的独立性配置原则，不应以控制器能力提高为由，减少控制器的配置数量而降低系统的可靠性。

4.2.1.3 为防止控制器故障而导致机组被迫停运，重要的并

列或主/备运行的辅机（辅助）设备控制，应按下列原则配置
控制器：

　　a) 冷却风机、给水泵、凝结水泵、真空泵、重要冷却水
　　　泵、重要油泵和非母管制循环水泵等多台组合或主/备
　　　运行的重要辅机，以及 A、B 段厂用电，应分别配置在
　　　不同的控制器中。

　　b) 为保证重要监控信号在控制器故障时不会失去监视，
　　　汽包水位、主蒸汽压力、主蒸汽温度、再热蒸汽温度
　　　等重要的安全参数，应配置在不同的控制器中（配置
　　　硬接线监控设备的除外）。

4.2.1.4　为了防止控制器在失电时随机存储器（RAM）中的
数据丢失，应定期检查或更换控制器电池，在更换之前应存储
所有 RAM 中数据。

4.2.1.5　所有控制器，包括后备保护控制器以及硬跳闸保护
控制器，均应具备数据存储和检索功能。

4.2.1.6　机组运行中应关注控制器诊断报警，及时分析并排
除故障。

4.2.1.7　对于三冗余控制系统，宜定期通过燃气轮机在部分
转速情况下进行控制器冗余试验，以验证控制器三冗余配置可
靠性。

4.2.2　输入/输出模件（I/O 模件）

4.2.2.1　I/O 模件的冗余配置，应根据不同制造厂的分散控
制系统结构特点和被控对象的重要性来确定，推荐以下配置
原则：

　　a) 应三重冗余（或同等冗余功能）配置的模拟量输入信
　　　号：机组负荷、机组转速、轴向位移、压气机进出口
　　　压力和温度、天然气压力、燃气轮机排气压力、凝汽
　　　器真空、主机润滑油压力、抗燃油压力、主蒸汽压力、
　　　主蒸汽温度、主蒸汽流量、汽包水位、汽包压力、给

水流量、再热蒸汽压力、再热蒸汽温度、主保护信号以及参与机组跳闸保护的其他模拟量信号。

b) 至少应双重冗余配置的模拟量输入信号：加热器水位、热井水位、凝结水流量、主机润滑油温、发电机氢温、给水温度。若本项中的信号作为保护信号时，应作三重化冗余（或同等冗余功能）配置。

c) 应三重冗余配置的重要开关量输入信号：主保护动作跳闸（燃气轮机跳闸、汽机跳闸、发电机跳闸）信号、连锁主保护动作的主要辅机动作跳闸信号等。

d) 冗余配置的 I/O 信号、多台同类设备的各自控制回路的 I/O 信号，应分别配置在不同的 I/O 模件上。

e) 三冗余 I/O 信号应分别接入处于不同机架的 I/O 模件。排气热电偶相邻信号不应布置在同一模件中。

f) 所有的 I/O 模件的通道间，应具有隔离功能。

g) 电气负荷信号应通过硬接线直接接入分散控制系统；用于机组和主要辅机跳闸的保护输入信号，应直接接入对应保护控制器的输入模件。

h) 控制系统应具备对时系统接入功能，各种类型的历史数据应具有统一时标，能自动与对时系统时钟同步，并由对时系统自动授时。

4.2.2.2 对于燃气轮机控制采用一对或一组控制器的控制系统，冗余配置的 I/O 信号宜分配在不同的控制器机架中，以防止失去控制或失效引起保护误动与拒动。

4.2.2.3 除了冗余配置的 I/O 外，采用辅助判断或证实的同类型保护用信号，不宜配置在同一 I/O 模件上。

4.2.2.4 对于单线圈控制的伺服阀，宜采用冗余的伺服控制 I/O 模件来控制，确保单个伺服控制模件失效或故障时，仍能正常控制和操作伺服阀。

4.2.2.5 与跳闸相关的保护测量信号宜单独设置报警窗口，

冗余配置保护测量信号应设置偏差报警，三冗余保护信号宜在不同控制器中分别设置偏差报警。

4.2.2.6 单独设置的重要公用或辅助系统控制装置，其主要运行监视、操作和保护信号，应以硬接线方式接入机组控制系统，并设置监控画面。

4.2.2.7 为隔离或增加容量等，需要在测量和控制系统的I/O回路中加装隔离器时：

    a) 宜采用无源隔离器，否则隔离器电源宜与对应测量或控制仪表的电源为同一电源。

    b) 应采取有效措施，防止积聚电荷而导致信号失真、漏电流导致执行器位置漂移、电源异常导致测量与控制失常。

    c) 隔离器安装位置，用于输入信号时应在控制系统侧，用于输出信号时宜在现场侧。

4.2.2.8 采用分组保护逻辑（每组中任一探头检测信号达跳机值，且另一组中任一探头检测信号达跳机值）的危险气体探头信号，应接至不同的模件。

4.2.2.9 危险气体装置至保护系统的输出信号，应三重冗余配置在不同的输出模件上。

4.2.3 网络

4.2.3.1 控制系统网络采用工业控制网络，应满足对发电过程设备监测、控制和保护的实时性要求。

4.2.3.2 控制网络应具有时间发布和时间管理功能，采用工业以太网时，宜采用交换式以太网和全双工通信，以确保工业以太网的实时响应时间达到机组控制和保护的要求。

4.2.3.3 控制网络应冗余配置，网络上任一节点故障、任一链路断开，应均不影响控制系统正常运行，并具有可靠的自诊断和故障报警功能。

4.2.3.4 交换机等通信控制器的电源应冗余配置，具有失电故障报警功能，并定期进行电源切换试验。

4.2.3.5 与控制系统连接的所有相关系统（包括专用装置）的通信接口设备应稳定可靠，控制网络通信负荷应满足 DL/T 1925 要求。

4.2.3.6 控制网络应提供开放的端口和协议，以方便可靠地与第三方系统进行通信。

4.2.3.7 网络交换机所处位置应有良好的散热空间，保证散热应良好，防止因过热造成网络通信故障。有散热风扇的交换机，应定期检查风扇运行情况，当出现异常声音时应及时查明原因并处理。

4.2.3.8 与其他信息系统联网时，应按照 DL/T 924、国家电力监管委员会第 5 号令文件和相关法规的要求，配置有效的隔离防护措施。

4.2.3.9 正常运行时，应闭锁操作员站的闲置外部接口功能和工程师站的系统维护功能。

4.2.4 人机接口

4.2.4.1 控制系统中的操作员站、工程师站应采用可靠的冗余配置，对于一台/套机组：

  a) 单轴机组采用一体化控制系统，应至少配置 2 台操作员站（不包括就地配置的操作员站）。

  b) 一拖一多轴机组采用一体化控制系统时，应至少配置 3 台操作员站（不包括就地配置的操作员站）。

  c) N 拖一多轴机组采用一体化控制系统时，应至少配置 $N+2$ 台操作员站（不包括就地配置的操作员站）。

  d) 采用混合控制系统时（燃气轮机采用 TCS，余热锅炉、汽轮发电机和 BOP 采用其他控制系统），宜在上述配置基础上适当增加操作员站。

4.2.4.2 为便于检修和维护，工程师站宜具备操作员站显示功能，否则宜在工程师站中配置仅开放显示功能的操作员站。

4.2.4.3 同时配置就地操作员站或工程师站的系统，应设置操作闭锁功能和操作提醒功能，以防止同时操作产生冲突。

4.2.5 历史站

4.2.5.1 历史站完成历史数据的定义、收集、存储、显示和导出，以满足电厂发生事故时的调查分析以及平常机组运行状况的记录，应具备如下功能：

  a）历史数据组态；

  b）历史数据显示和打印；

  c）历史趋势显示；

  d）历史数据导出；

  e）历史报表；

  f）历史 SOE；

  g）操作员操作记录；

  h）历史信息一览；

  i）历史数据存储和加载。

4.2.5.2 用于报警、连锁、自动停机（包括自动减负荷）和跳闸的信号（包括处理前、后），应能在历史数据库中查询，以便动作后进行原因分析。

4.2.5.3 历史站应冗余配置，数据存储时间不少于 3 年。

4.2.5.4 历史站应与 TCS、DCS 等控制系统采用同一时钟信号，不同控制系统所配置的历史站时钟也应统一。

4.2.5.5 相同控制系统的历史站宜具备网络冗余和硬盘冗余，不同控制系统采用不同的历史站时宜分别冗余配置。

4.3 公用与辅助控制系统

4.3.1 集中控制的公用与辅助系统

4.3.1.1 天然气、水、空气、脱硝等热控系统的自动化水平，应按照 DL/T 5227 的规定，综合考虑控制方式、系统功能、运行组织、辅助车间设备可控性等因素进行设计。

4.3.1.2 各控制区域系统（包括专用装置）的供电电源均应分别冗余配置，并经实际试验证明可靠。

4.3.1.3 各控制区域的控制装置（包括电源装置、中央处理单元等）、交换机、上层主交换机及网络连接设备，均应分别冗余设置。

4.3.1.4 应充分考虑辅助系统（车间）分散、距离较远的特点，确保其控制网络的通信速率、通信距离满足监控功能的实时性要求。

4.3.1.5 无人值班车间（区域）应设置闭路电视监视系统，并与主厂房闭路电视监视系统统一考虑，确保对就地设备监视。

4.3.1.6 采用母管制的循环水系统、空冷系统的冷却水泵、开闭式冷却水泵、仪用空气压缩机及辅助蒸汽等重要公用系统（或扩大单元系统），宜按单元或分组纳入单元机组控制系统中，以免因公用控制系统故障而导致全厂或两台机组同时停止运行；不宜分开的，可配置在公用控制系统中，但不应将控制集中在一对或一组控制器上，以免因控制系统故障而导致对应设备全部跳闸。

4.3.1.7 循环水泵应配置独立的控制器，并合理分配循环水泵房数字量输出（DO）通道，使一块 DO 模件仅控制一台循环水泵。

4.3.1.8 循环水泵房采用远程 I/O 时，远程 I/O 柜应采用冗余电源供电，且两路电源应分别接至机组 UPS 和保安段或两路 UPS。

4.3.1.9 在两台及以上机组的控制系统均可对公用系统进行操作的情况下，必须设置优先级并增加闭锁功能，确保在任何情况下，仅一台机组的控制系统可对公用系统进行操作（设计的自动连锁功能除外）。

4.3.1.10 公用与辅助控制系统应设置必要的就地操作功能，

以便在控制系统故障的紧急情况下，可通过就地手操功能维持公用系统运行。

4.3.2 反吹、水洗、天然气、启动锅炉控制装置

4.3.2.1 独立的压气机进口反吹控制、水洗控制和天然气调压站控制、天然气处理控制，宜采用 DCS 控制；当采用远控方式时，与主控制系统的联系信号应采用硬接线方式。

4.3.2.2 其控制器、电源应冗余配置，电源宜采用与主机控制系统电源同一电源。

4.3.2.3 布置在就地的反吹控制柜、水洗控制柜、天然气控制柜和天然气处理控制柜，应密封完好，具有防潮、防水、防灰等措施。

4.4 主重要测量信号与报警信号配置

4.4.1 信号配置

4.4.1.1 应三重冗余（或同等冗余功能）配置的模拟量输入信号：机组负荷、机组转速、轴向位移、凝汽器真空、主机润滑油压力、抗燃油压力、主蒸汽压力、主蒸汽温度、汽包水位、汽包压力、给水流量、再热蒸汽压力、再热蒸汽温度、热井水位、主保护信号以及燃气轮机制造厂设计规定的其他冗余信号。

4.4.1.2 至少应双重冗余配置的模拟量输入信号：主蒸汽流量、加热器水位、凝结水流量、主机润滑油温、发电机氢温、给水温度以及燃气轮机制造厂设计规定的冗余信号。当本项中的信号作为保护信号时，应作三重化冗余（或同等冗余功能）配置。

4.4.1.3 应三重冗余配置的重要开关量输入信号：产生主保护动作跳闸（燃气轮机跳闸、汽机跳闸、发电机跳闸）信号；连锁主保护动作的主要辅机动作跳闸信号等。

4.4.1.4 根据热工保护"杜绝拒动，防止误动"的基本配置原则，所有重要的主辅机保护信号，应满足 GB 50660 的要求，尽可能采用三个相互独立的一次测量元件和输入通道引入，并通过三选二（或具有同等判断功能）逻辑实现；不满足要求的，应按 4.4.10 进行优化。

4.4.1.5　热工保护信号可采用模拟量测量信号，触发主设备跳闸的保护信号测量仪表应单独设置；当与其他系统合用时，其信号应首先进入优先级最高的保护连锁回路，其次是模拟量控制回路，顺序控制回路的。控制指令应遵循保护优先原则，保护系统输出的操作指令应优先于其他任何指令。

4.4.2　保护连锁信号优化

4.4.2.1　主保护、后备保护、ETS、GTS 间的跳闸指令，应采用三路信号，通过各自的输出模件，并按三选二逻辑启动跳闸继电器。

4.4.2.2　主保护、后备保护、ETS 的出口继电器，均宜设计成相互独立的两套系统，或采用三选二冗余逻辑。

4.4.2.3　当 TCS、DEH 总电源消失时，应直接通过主保护和 ETS 的输出继电器，自动发出停机指令。

4.4.2.4　润滑油压力低信号，除进行控制系统外，还应直接接入事故直流润滑油泵的电气启动回路，确保事故润滑油泵在没有控制系统控制的情况下能够自动启动，保证机组的安全。

4.4.2.5　为避免单个部件或设备故障而造成机组跳闸，在新机组逻辑设计或运行机组检修时，应采用容错设计方法，对运行中容易出现故障的设备、部件和元件，从控制逻辑上进行优化和完善，通过预先设置的逻辑措施来避免控制逻辑的失效。

　　a) 通过增加测点的方法，将单点信号保护逻辑改为信号三选二选择逻辑。

　　b) 无法实施 a) 的，通过对单点信号间的因果关系研究，加入证实信号改为二选二逻辑。

　　c) 无法实施 a) 和 b) 的单测点信号，通过专题论证，在

> 信号报警后能够通过人员操作处理、保证设备安全的前提下可改为报警。
>
> d) 实施上述措施的同时，对进入保护连锁系统的模拟量信号，合理设置变化速率保护、延时时间和缩小量程（提高坏值信号剔除作用灵敏度）等故障诊断功能，设置保护连锁信号坏值切除和报警逻辑，减少或消除因接线松动、干扰信号或设备故障引起的信号突变而导致的控制对象异常动作。

4.4.2.6 通信网络传输的重要保护连锁系统的开关量信号，应通过加延时、与对应的硬接线保护信号组成或逻辑等方法来确保信号的可靠性，减少信号瞬间干扰造成的保护系统误动作。

4.4.2.7 应对热工保护连锁信号进行全面梳理，从提高动作可靠性的角度出发进行优化。

4.4.2.8 设置三重冗余信号的保护回路，若具有坏质量判断功能，宜设计为信号全部正常时采取三取二逻辑；单点故障时自动转为二取二（或二取一，根据防护要求确定）逻辑并发出报警，两点故障时自动转为一取一逻辑并发出报警。

4.4.2.9 用于保护和控制的独立装置，应有程序断电保护功能，在装置电源消失时应能保证系统程序不丢失；当系统的复位信号存在时刻出现跳闸信号时，应能优先跳闸控制对象。

4.4.2.10 保护信号宜全程冗余配置，任一环节故障应报警但不会引起系统拒动或误动。

4.4.2.11 独立控制装置（辅机电动机、泵等）通过控制系统（或远程控制器）控制的启动、停止指令和受控制系统控制且在机组停运后不能马上停运的设备，应采用脉冲（特殊要求的除外）信号，并在每个控制对象的就地控制回路中实现控制信号的自保持功能，以防止控制系统失电而导致机组停运时引起这些设备误停，造成重要辅机或主设备损坏。同时也要防止系

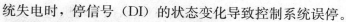

统失电时，停信号（DI）的状态变化导致控制系统误停。

4.4.3 模拟量控制优化

4.4.3.1 冗余设计的模拟量信号，应分别对其越限判断、补偿计算进行独立运算处理，避免采用选择算法模块对信号进行处理。

4.4.3.2 调节系统内回路输出受到调节限幅限制或因其他原因而指令阻塞时，外回路指令应同步受限，防止指令突变与积分饱和。在系统被闭锁或超驰动作时，系统受其影响的部分也随应跟踪，在跟踪作用结束后，系统所有部分应平衡在当前的过程状态，并立即恢复其正常的控制作用。

4.4.3.3 参与控制的反馈信号，在控制系统内，宜设置执行机构控制信号和阀门位置反馈信号间偏差值的延续时间和延续时间，超过全行程时间的故障判别功能，并及时发出明显的报警信号，同时将系统由自动切为手动。

4.4.3.4 当模拟量控制系统的输出指令采用 4～20mA 连续信号时，气动执行机构应根据被操作对象的特点和工艺系统的安全要求选择保护功能，当失去控制信号、仪用气源或电源故障时，应保持位置不变或使被控对象按预定的方式动作。电动执行机构和阀门电动装置失去控制信号或电源时，应能保持位置不变，并具有供报警用的输出节点。

4.4.3.5 应确保模拟量信号质量判断报警功能设置正确、可靠。

4.4.3.6 自动控制系统及控制子系统，在正常调节工况下的偏差切手动保护功能，以及阻碍故障减负荷（包括负荷返回 RB、负荷快速切除 FCB 和负荷迫降 RD）动作方向变化的大偏差指令闭锁功能，在 RB 工况下应能自动解除，防止被控参数超出正常波动范围时将相应的控制系统撤出自动模式。

4.4.3.7 进行电调系统阀门位置反馈调整时，既要考虑阀门关闭的严密性，又要避免调节器积分饱和的发生。

4.4.3.8 应用变频器作为给水泵、凝结水泵等辅机的自动转速调节时，应确保变频器的工作环境满足要求，变频器的参数整定应充分考虑系统电压波动的影响。

4.4.3.9 所有重要的模拟量输入信号必须采用"坏值"（开路、短路、超出量程上限或低于量程下限规定值）等方法对信号进行"质量"判别。在有条件的情况下，还应采用相关参数来判别保护信号的可信性，并及时发出明显的报警。为减少因接线松动、元件故障引起的信号突变而导致系统发生故障，参与控制、保护连锁的缓变模拟量信号，应正确设置速率变化保护功能。当变化速率超过设定值时，自动屏蔽该信号的输出，中断该信号的保护作用，并输出声光报警信号提醒运行人员。当信号恢复且低于设定值时，应自动解除该信号的保护屏蔽功能，通过人员手动复归屏幕报警信号。

4.4.3.10 对于三选中或三选平均值的模拟量信号，任一点故障时，均应有明显报警和剔除功能。

4.4.3.11 控制机柜内热电偶冷端补偿元件，至少应在输入模件的每层端子板上配置，不允许仅在一机柜内设置一个公用补偿器。其补偿功能应通过实际试验，确定满足通道精度要求。

5 现场设备可靠性优化

5.1 基本原则

5.1.1 开关量仪表技术要求

5.1.1.1 流量开关精度不宜低于满量程的±1%，根据对应系统的要求，其响应时间应不大于10s。

5.1.1.2 温度开关宜选用温包式，温包材料选用不锈钢，填充介质应非水银。温度开关的设定值应满量程可调，精度不小于满量程的±1.5%。

5.1.1.3 行程开关宜选用非接触的接近开关，当选用或使用设备、阀门配套的接触式行程开关时，应提供开、关方向各两副以上接点的防溅型行程开关。

5.1.1.4 同一保护回路中，采用相邻测量元件信号时，该相邻测量信号应配置在不同的输入模件，且应有测量故障报警，以防止保护拒动或误动。

5.1.2 用于报警和保护的开关量信号回路技术要求

5.1.2.1 当采用开关仪表信号直接接入继电器跳闸回路时，必须三重冗余配置且定期进行试验；不允许使用死区和磁滞区大、设定装置不可靠的开关仪表信号用于保护连锁。

5.1.2.2 用于机组保护的发电机和电动机的断合状态信号，宜直接取自断路器的辅助接点。

5.1.2.3 反映阀门、挡板状态的行程开关，由于受自身质量和工作环境的影响，容易误发信号，是保护系统中可靠性较差的发讯装置。有条件时，应采用其他能反映阀门、挡板状态的工艺参数代替或进行辅助判断（如通过执行机构位置反馈作为挡板的行程状态判别），最大限度地防止保护拒动或误动，并做好行程开关的防进水措施。

5.1.2.4 控制回路的信号状态查询电压等级宜采用 24～48VDC。当开关量信号的查询电源消失或电压低于允许值时，应立即报警。当采用接点断开动作的信号时，还应将响应的触发保护的开关量信号闭锁，以防误动作。

5.1.3 电磁阀回路可靠性要求

5.1.3.1 随工艺设备供应的电磁阀、气动阀，应满足 5.1.3 和 5.1.4 规定要求。安装调试时如发现不符，应进行更改。

5.1.3.2 紧急跳闸电磁阀、抽汽止回阀的电磁阀、汽轮机紧急疏水电磁阀以及燃料紧急关断电磁阀等具有故障安全要求的电磁阀，应采用失电时，使工艺系统处于安全状态的单线圈电磁阀（若气动阀应按失气安全的原则设计），控制指令应采用长信号（另有规定时除外）。

5.1.3.3 没有故障安全要求的电磁阀，应尽量采用双线圈电磁阀，控制指令宜采用脉冲信号。

5.1.3.4 抽汽止回阀应配有空气引导阀。抽汽止回阀、本体疏水阀等宜从热控仪表电源柜取电，采用单线圈电磁阀失电动作，确保控制系统失电引起汽轮机跳闸后，抽汽止回阀和本体疏水阀的压缩空气被切断，抽汽止回阀能够关闭，本体疏水阀能够打开，机组能够安全停机。

5.1.3.5 燃料控制阀、IGV 伺服阀以及主汽（再热）控制阀 LVDT 应采用冗余配置，其供电电源应取自不同的伺服模件。

5.1.3.6 ETD 电磁阀应三取二设计，宜在启动前进行试验，以清除杂物或在非紧急情况下发现故障电磁阀。

5.1.3.7 将重要电磁阀回路检查和滤网更换纳入到定期工作中，确保电磁阀运行环境温度低于 60℃，仪用气路通畅无泄漏，滤网无堵塞，仪用气品质符合相关要求。

5.1.4 其他设备应满足的要求

5.1.4.1 应逐步开展重要系统继电器性能检测，确保 ETS、润滑油泵、顶轴油泵、EH 油泵等重要辅机的指令继电器性能指标满足规定要求。

5.1.4.2 汽机控制回路中，宜取消用来防止执行器和伺服机构滑阀长时间处于静态时出现动作迟滞现象，而设置的伺服回路高频偏压，以防止执行器和阀门使用寿命的降低。

5.1.4.3 在机组停机 30 天后启动前，应进行清吹阀、防喘阀和通风阀等重要阀门设备的检查试验工作。

5.2 监控仪表与装置

5.2.1 TSI 装置

5.2.1.1 TSI 装置应采用两路可靠的电源冗余供电并通过双路电源模件供电，当保护电源采用厂级直流电源时，应有确保寻找接地故障不造成保护误动的措施。

5.2.1.2 当 TSI 装置与其他系统（如危险气体监测）集成在一个系统时，应配置在独立的框架（机架）内，且模件、电源及通信接口也应独立。当运行中必须对集成在一起的其他系统进行维护、校验时，应有防止干扰影响 TSI 正常运行的措施。

5.2.1.3 TSI 装置宜采用容错逻辑设计方法，对运行中易出现故障的设备、部件和元件，从控制逻辑上进行优化和完善：

    a) 当保护逻辑采用证实信号时，保护信号和证实信号应分配在不同模件内。

    b) 保护动作输出的跳机信号，宜采用常开（闭合跳机）且不少于两路输出信号至 ETS 系统组成或逻辑运算。

    c) 轴向位移保护，原为单点信号或为二选二逻辑的，在条件允许的前提下，宜通过增加探头改为三选二（或具备同等判断功能）逻辑输出。

    d) 宜采用轴承相对振动信号作为振动保护信号源，当下列条件均满足时保护输出：

        1) 任一轴承振动信号达到保护动作设定值；

        2) 除 1) 外的任一轴承振动信号的增量，大于增量设定值（综合平时振动的运行值和机组启动过临界时的值）。

e）为防止 d）后保护逻辑的拒动，振动的保护、报警信号定值，建议满足下列要求：

  1）原设计的保护定值 250μm 改为 175μm；报警定值 125μm 改为≤100μm；

  2）在控制系统上显示的振动信号，宜设置偏差报警；

  3）任一轴承振动到达报警或动作值时，都应有明显的声光信号（以便振动值瞬间变化过快或有单点振动达到跳闸值时，提醒运行人员加强监视，必要时及时手动停机）。

f）发电机组高、中、低压胀差为单点信号保护的，为防止干扰信号误动，可设置 10～20s 延时（较长的延时时间可在 ETS 或控制系统中设置）。为加强信号坏点剔除保护功能，建议胀差信号量程不高于跳机值的 110%。如设计有多点胀差信号，其保护信号宜采用与门逻辑。

g）TSI 的输入信号通道，应设置断线自动退出保护逻辑判断功能。

h）机组启动过程中，当机组超过临界转速时，其振动有可能比正常运行时大很多，为避免出现人为投切保护，应充分利用装置的定值倍增功能或自适应功能。

i）超速保护信号，应采用三路全程独立的超速信号进行三选二逻辑判断（在 TSI 框架内或 DEH 内）。

5.2.1.4 安装、检修时，应做好以下工作：

a）安装前置放大器的金属盒，应选择在较小振动并便于检修的位置，盒体底座垫 10mm 左右的橡皮后固定牢固（避免传感器延长线与前置器连接处，由于振动引起松动造成测量值跳变），盒体要可靠接地。

b）传感器支架的自振频率应大于被测量工频 10 倍以上；

　　　当探头保护套管的长度大于 300mm 时，应设置防止套管共振的辅助支承；应保证传感器与侧面的间隙达到安装要求避免造成对传感器感应线圈的干扰；传感器支架的设计和安装，应确保传感器垂直对准被测面表面，误差不超过±2°。

c) 检修更换传感器时，应选择传感器与延伸电缆一体化（不带中间接头）且为铠装电缆的传感器。否则须有可靠措施（如安装前，中间接头用电子清洗液或其他挥发性强的液体清洗，拧紧并用热缩套管进行绝缘密封处理），确保传感器尾线与延长电缆的同轴电缆连接头绝缘；延伸电缆的固定与走向合理，无损伤隐患；机组引出线处确保密封，至接线盒的沿途信号电缆，应远离强电磁干扰源和高温区，并有可靠的全程金属防护措施。

d) 测量位移值时，要保证电涡流传感器的线性范围大于被测间隙的 15％以上。

e) 延伸电缆穿缸接头的位置，应尽量选择在油流冲击小的地方；穿缸接头可以采用在缸内加装向下的导流管，引导润滑油回流到轴承箱内；接头密封和尾线穿出处，应加工螺纹密封接头和橡胶块，加密封胶进行密封（带铠装的电缆可以把穿缸部分铠装剥去），具体方法参见图 3。

f) 轴振延伸电缆应紧固在轴承外壳上，电缆敷设尽可能独立走线，避开油流冲击的路线和高电压、交流信号等可能引起的干扰，且固定和走向应不存在磨损的隐患。延伸电缆不宜用 PVC 扎带进行捆扎和固定，应采用 1mm^2 的铜线进行捆扎。延伸电缆至接线盒全程，应避开高温区域。

g) 传感器外壳应接地，发电机、励磁机的轴振和瓦振安

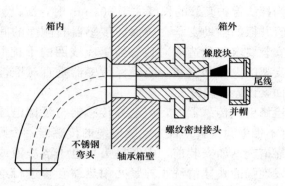

图 3　TSI 元件穿缸接头密封工艺图

装时，底部应垫绝缘层并用胶木螺丝固定，铠装电缆不能与外壳直接接触。

h) 前置器应不与接地的金属接线盒直接接触，屏蔽电缆的两头屏蔽层分别连接前置器 COM 端和仪表机架的 COM 端（或 Shield 端上），全程连通且不与大地相连，机柜地线单独接入电气接地网。检查连接口和接线紧固，输出信号电缆宜采用（0.5～1.0mm²）普通三芯屏蔽电缆（环境温度超过 50℃时，应选用耐高温阻燃屏蔽电缆）；若采用四芯屏蔽电缆，备用芯应在机柜端接地。

i) 严格按照厂家要求进行安装，间隙电压误差不超过 ±0.25V，磁阻式传感器间隙值误差不超过 ±0.1mm；为防止传感器在机组运行中松动，尽量采用双锁紧螺母锁紧。

j) 为确保测量的准确性，轴向位移、差胀传感器的调试应向机务确认转子位置，并做全行程试验，所有传感器的安装，都应做好安装间隙电压和间隙值的记录。

k) 缸胀与串轴的报警和跳闸输出，选择了总线输出方式时，应进行断开检查确认。

l) COM 端与机架电源在出厂时，通常缺省设置为导通，整个 TSI 系统是通过电源接地，因此与其他系统连接时，应把 TSI 系统和被连接的系统作为一个整体系统来考虑，并保证屏蔽层为一点接地。如通过记录仪输出信号（4～20mA）与第三方系统连接时，须确认 COM 端在第三方系统中的连接，如果 COM 端浮空（作了隔离处理），则可保持各自的独立接地，但 TSI 供电的电源接地仍旧保留以保证安全，此时电源地只作安全地，不再兼作仪表地。

m) 发电机组应安装两套转速监测装置，并分别装设在不同的转子上。对于单轴联合循环发电机组，应分别在燃气轮机、汽机转子上装设两套转速监测装置。

n) 安装在燃气轮机轴承下部的轴振探头，每次检修重新安装时，宜在轴承盖安装前调整好。如无法观察到探头，在调整过程中应将探头顺时针旋至与轴面接触，再反方向退至所要求的间隙电压（－10.0V），并反复调整，每次探头进退过程中应观察间隙电压变化是否相同。

o) 轴向位移、差胀传感器的安装、检修和调试，应在机务的配合下进行，并在安装、检修、调试记录中签字。

5.2.1.5 维护

a) 首次安装前或者检定周期到期后，传感器应送具有检定资质的机构送检，出具正式的检验合格报告。经实验室检定合格的传感器，在实际测量现场应根据 DL/T 1012 规程要求，通过真实物理量变化对每个测量回路进行校准。

b) 定期检查各传感器的间隙电压和历史曲线，发现信号异常时应及时检查处理；机组停机期间，应紧固各测点的套筒、螺母；偏离标准间隙电压较大的测点，在条件允许的情况下应重新安装。

c) 为防止电源故障、电缆受力或振动造成接线松动隐患，应将接线端子紧固和老化的接线端子更换、电源切换试验和有劣变趋势的电源模块更换、电缆绝缘检查，列入检修常规项目。

d) 为防止干扰而在 TSI 信号输入端增加隔离器时，应对隔离器电源接入方式的可靠性和引起信号衰减或失真的程度进行验证。

e) 加强日常巡检，保证设备运行安全、通风正常，定期对高温区域电缆进行测温检查。一旦出现信号扰动要做全面检查。

f) 辅机振动单点保护信号，宜改为三选二优选逻辑。

5.2.2 二氧化碳灭火（火灾保护）装置

5.2.2.1 二氧化碳灭火装置宜采用 DCS 控制，控制器应冗余配置。

5.2.2.2 二氧化碳灭火装置，应采用两路可靠的电源并通过双路电源模件冗余供电，实现直流侧无扰切换。当保护电源采用厂级直流电源时，应有确保寻找接地故障不造成保护误动的措施。

5.2.2.3 二氧化碳灭火装置至控制系统的跳闸信号，应采用硬接线方式且宜三取二逻辑处理方式。

5.2.2.4 布置在就地的二氧化碳保护柜、天然气控制和处理控制柜，应密封完好，具有防潮、防灰措施。

5.2.2.5 火灾保护动作需停止通风冷却风机的，若增加了风机，应增加相应连锁逻辑。

5.2.2.6 温感探头和火焰探头的工作温度，应符合燃气轮机各区域实际温度。

5.2.2.7 火灾检测和温度检测回路，宜设计有故障报警功能并在报警事件中能够正确显示。

5.2.2.8 应定期对火灾保护系统的烟感探头、温度检测探头和可燃气体探头进行分批检验，保证每年度覆盖全部探头；检验时应做好相应安全措施，防止误动。

5.2.2.9 每季度应对主电源和备用电源进行自动切换试验，检查火灾保护控制器及输入输出板卡应无异常。

5.2.3 燃烧脉动监测装置

5.2.3.1 燃烧脉动监测装置应能实现燃烧室动态连续的在线监控，并能及时预警。

5.2.3.2 用于燃烧脉动监测的动态压力与振动传感器等，应能在高温环境下可靠连续工作。

5.2.3.3 信号传感器的安装、连接和导线，应符合说明书要求；传感器的安装支架应牢固，有足够刚性；安装支架的固有频率应是测试最大频率的 10 倍以上，当探头保护套管的长度较长时，应有辅助支承，以防止套管共振。

5.2.3.4 探头延伸电缆应与探头和前置器配置使用，其固定与走向不存在损伤电缆的隐患；探头电缆连接延伸至接线盒的全程应远离强电磁干扰源和高温区，并有可靠的全程绝缘和金属防护措施，盘放直径应不小于规定值。

5.2.3.5 燃烧脉动探头安装完毕锁位时，锁位线的固定方向应与探头紧力方向一致，并保证探头每个方向所受拉力均等，与测量表面接触应可靠，与延伸电缆连接应紧固。

5.2.3.6 信号处理器应安装在透平间外侧，符合 NEMA4 规范。

5.2.3.7 参与机组控制的燃烧脉动监测装置的输出信号，应以硬接线方式连接至机组控制系统；参与机组保护的传感器，应设计信号故障报警功能。

5.2.3.8 装置维护和试验工作应满足以下要求：

  a）燃烧室压力波动传感器：

1）安装压力波动传感器时，应测量端盖螺孔深度，选择相匹配的垫片（极软钢）厚度；传感器安装后，垫片不会突出于燃烧器端盖内侧面。

2）力矩扳手紧固压力波动传感器时，应按照安装说明书的力矩要求进行锁紧。

3）在喷嘴上的螺孔涂上二硫化钼，同时防止安装传感器时过量的二硫化钼流进燃烧筒。

4）安装燃烧室压力波动监视探头过程中，应清理探头安装孔，防止杂物掉入安装孔。

5）紧固时的力矩不得超过指定要求（传感器螺纹不能拧紧时，检查螺纹，如有必要使用丝锥攻丝）。

6）安装挡圈，并用锁线固定螺钉。探头安装完毕锁位时，锁位线的固定方向应与探头紧力方向一致，探头各方向所受拉力应均等。

7）燃烧室压力波动监视探头装好后，应检查确认压力波动前置器型号正确，输入电压为24V，紧固压力波动前置器数据接口，防止其脱落。

b）燃烧室加速度传感器。

1）清理螺孔，在定位螺钉螺纹上涂适量的二硫化钼，使用力矩扳手紧固定位螺钉，力矩值符合说明书的要求。

2）将传感器装上定位螺钉，导线接口朝外，用M4螺钉紧固，力矩值符合要求用锁线固定螺钉。

3）将涂上适量二硫化钼的螺塞拧入未安装传感器的燃烧筒端盖上方螺孔，螺孔事先应经过清理，并用锁线固定螺塞，力矩值为$37\pm4N\cdot m$。

c）燃烧室压力波动传感器和加速度传感器的信号，通过延伸电缆传输给前置器，敷设电缆时应防止挤压或过度弯曲。

    d) 加速度振动探头应送有相关资质检定机构校验，参考
       DL/T 1925，按照检验周期要求进行检定。

5.2.4 危险气体探测装置

5.2.4.1 危险气体检测探头，应能在工作区域环境温度下长期可靠地正常工作。

5.2.4.2 当与 TSI 装置或其他装置集成在一个系统时，应配置在独立的框架（机架）内，且模件、电源及通信接口也应独立。当运行中必须对集成在一起的其他系统进行维护、校验时，应有防止干扰、影响 TSI 装置或其他装置正常运行的措施。

5.2.4.3 当危险气体检测探头因环境温度过高，采取降温措施，应检查确认不影响其测量的准确性和代表性。

5.2.4.4 危险气体保护逻辑中，同一区域保护采用分组保护逻辑（每组中任一探头检测信号达跳机值且另一组中任一探头检测信号达跳机值）的，分配在一组的探头信号应接至不同的模件。

5.2.4.5 危险气体装置至保护系统的输出信号，应三重冗余配置，且配置在不同的输出模件。

5.2.4.6 危险气体探测装置宜设计有故障报警功能并在报警事件中能够正确显示。当发生故障时，机组运行中不宜将该点退出保护，停机后应进行检查并消除故障。

5.2.4.7 为保证危险气体检测的准确性和可靠性，应确保传感器探头正对于气流方向（传感器平行于气流方向）。

5.2.5 执行机构

5.2.5.1 定期检查采用旋转式操作的电动执行机构的开关旋钮和远方就地切换钮的状态，确保电动执行机构的开关操作旋钮置于停止位，并已采取机械方式锁位的方法，以防止误碰。

5.2.5.2 若无特殊需求，可取消电动执行机构的自保持功能。这样可以防止因信号干扰等因素引发的偶发性短脉冲指令误发

导致的电动门全行程误动作（但上位机驱动级应改为长脉冲指令）。

5.2.5.3 根据实际运行需求，优化电动门反馈的表征逻辑（例如，采用开反馈信号取非和关反馈信号组成与逻辑，可防止反馈信号误发导致的连锁误动；采用开反馈信号取非和关反馈信号组成或逻辑，可防止反馈信号未及时发出导致的连锁拒动）。

5.2.5.4 梳理重要或公用系统的电动和气动执行机构，设计有断电/断气/断信号保位功能的，在失电、失气、失信号时（简称"三失"），执行机构的开关状态和开度应保持不变（或动作至预置的安全状态）。热控专业在设备管理过程中，应通过执行器"三失"性能实际试验，对不具备保位功能且直接影响机组安全运行的阀门定位器、执行器进行改造。重点开展调节型、开关型气动执行器的"三失"性能试验工作，依据执行器"三失"特性，合理选择执行器开、关类型，在定位器、仪用气源故障时，将气动执行器置于安全的缺省工作位置，为运行调整和检修赢得时间。

5.2.5.5 电动执行器应重视重新上电时执行器状态信号的检查，防止重新上电时信号出现翻转触发保护连锁误动作，同时确认指令与反馈保持一致。对于出现开、关信号瞬时跳变的执行器，应及时更换执行器控制模块或在软件组态上增加延迟处理等防范措施，防止执行器状态翻转引起主要辅机设备跳闸。此外对电动门的操作保持功能进行检查，防止点动后设备单向持续动作影响机组正常运行。

5.2.5.6 检查重要阀门或挡板在失电后的状态输出情况，对失电后开反馈和关反馈均失去的设备，应确认其反馈状态已合理用于连锁逻辑完善，避免状态失去连锁其他设备误动作。

5.2.5.7 将重要阀门挡板与执行器间连杆、各类行程开关反馈连杆、执行器定位器反馈连杆、气动执行器气缸固定销、执

38

行器底座固定螺丝等的防止松脱、卡涩、弯曲变形等措施，以及操作按钮防人为误动措施的可靠性检查，列入检修和定期巡检内容，同时提高振动较大地点处设备的巡检频次。

5.2.5.8 烟囱挡板执行机构行程开关应采用防溅型行程开关，力矩开关应设置正确，力矩保护动作可靠，防止过力矩损坏执行机构或机械齿轮箱。宜采用执行机构位置反馈进行辅助判断，和行程开关采用三取二逻辑判断开、关位置，最大限度地防止保护拒动或误动。

5.2.5.9 重要执行机构的位置反馈信号、重要行程开关的同向位置偏差信号，均应设置故障报警。

5.2.5.10 执行机构检修后，应保证系统接线正确无误，并满足下述要求：

    a）执行机构阀门动作方向与开关操作命令、位置反馈信号应与阀门的实际位置保持一致，全行程动作应平稳、灵活、无振荡现象；

    b）操作员站上操作开、关指令时，阀门实测反馈信号的开、关时间，应小于逻辑内开、关允许时间设定值2～5s；

    c）各行程开关、力矩开关接点的动作应正确、可靠。连接自动调节系统时，各项软手操功能试验正常。

5.2.6 现场总线

5.2.6.1 安装时应认真核对设备类型和通信协议，防止设备类型使用错误带来系统异常。

5.2.6.2 防止设备参数设置不当，应用现场总线仪表时，修改网段的波特率后应进行设备断电重启，更换设备时要认真核对配置位置，确保参数设置正确，防止信息配置错误情况发生。

5.2.6.3 保证设备运行环境满足要求，由于现场总线设备选择余地小，无法根据设备现场应用情况选择可靠性高的设备作

为预防措施，现场可做的是保证应用环境符合要求，防止外界
因素导致设备损坏。

5.2.6.4 防止接线或设置错误，应用现场总线仪表时，重视
电缆接线的正确性，防止线路短路、松动，接触不良等情况的
发生。

5.3 辅助系统

5.3.1 燃气轮机进排气系统

5.3.1.1 用于保护的压气机进口滤网压差开关、进气管道与
压气机进口压差开关，应三重冗余配置，并配置差压信号的模
拟量测量监视功能。

5.3.1.2 用于压气机压比测量的压气机进口压力变送器，应
至少二重冗余配置。

5.3.1.3 用于自动停机的压气机进口温度测量，应三重化冗
余配置。

5.3.1.4 用于燃料、IGV 调节修正等的压气机进口温度测量，
宜三重化冗余配置。

5.3.2 燃气轮机通风及冷却系统

5.3.2.1 通风风机出口微压开关，应按照测压膜片的安装方
向安装在水平或垂直平面上，不应由于安装角度影响测量
精度。

5.3.2.2 通风风机出口微压开关取样点位置，应能正确反映
风道内压力变化。

5.3.2.3 风道出口风门行程开关动作应可靠，露天安装时应
有防雨措施。为防止开关不能正确动作而进行的位置改动，应
保证隔舱通风量满足设计值要求。

5.3.3 气体燃料系统

5.3.3.1 重要的保护信号（如速关阀的关闭信号、分离器液
位高高等），应采用硬接线方式送至主机控制系统，并由 SOE

功能显示，非重要信号可采用冗余通信方式送至主机控制系统。

5.3.3.2 调压站速关阀电磁阀电源应冗余配置，电源宜与主机控制系统电源一致。冗余电源切换时间应能保证电磁阀在切换瞬间不会动作。采用冗余电磁阀配置时，宜每年进行不少于两次的电磁阀切换试验，以确认电磁阀处于工作状态。

5.3.3.3 调压站气动执行机构气源质量应符合要求，宜在调压站区域设置压缩空气储罐并配置自动疏水装置。

5.3.3.4 天然气前置模块采用就地控制装置时，其控制器、电源应冗余配置，电源宜与主机控制系统电源一致。控制器和I/O模件应按4.2.1和4.2.2要求进行配置。

5.3.3.5 采用性能加热器系统时，其温度控制阀应采取保护措施（如设置最小阀位限止措施等），防止调节阀气蚀。

5.3.3.6 布置在调压站和前置模块区域的控制、电源箱柜，应采用防爆型。

5.3.3.7 测量天然气介质的压力、流量等变送器，与取样管对接的孔应与取样管接头同心，且无安装径向应力。

5.3.3.8 应定期对天然气性能加热器各个气动门进行开关活动试验，以确认行程开关工作可靠。

5.3.4 燃料阀及清吹系统

5.3.4.1 燃料调节伺服阀采用单线圈时，应在控制系统输出回路进行冗余配置，防止伺服控制信号失去造成燃料中断。

5.3.4.2 控制系统宜设计有自动燃料泄漏监测功能，启动时自动泄漏监测失败时，不应随意修改用于判定泄漏的压力定值以及阀门的开、关到位时间定值。

5.3.4.3 机组启动过程中清吹阀故障，不应随意修改用于判定清吹阀故障的阀门开、关到位（包括中间位置）时间定值。

5.3.4.4 清吹阀控制气源宜采用仪用压缩空气。仪用压缩空气至放大器管路中如设置有节流阀，宜在调整好控制气压力后固定（或用明显标记标注）。

5.3.4.5　对确因燃料阀站内温度过高无法解决的，可将清吹阀电磁阀移至阀站外，以免因环境温度过高造成电磁阀漏气、卡涩等故障。

6 燃气轮机控制系统

6.1 控制与保护逻辑

6.1.1 燃气轮机启动可靠性要求

6.1.1.1 对于设计有燃料泄漏试验控制逻辑的机组,启动、停机过程宜自动进行燃料泄漏试验,并在规定时间内完成泄漏试验后自动退出。

6.1.1.2 不应为了燃气轮机的启动成功,随意修改燃料泄漏试验控制逻辑中(如压力、阀门行程时间等)的定值设置。

6.1.1.3 宜设计有压气机防喘阀自动试验控制逻辑,以便在启动过程中自动进行防喘阀活动性试验。

6.1.1.4 机组经过大修、小修、热通道检修,或者机组运行时出现排气分散度偏大、振动偏大、季节性温度变化超过规定值等情况时,应进行燃烧调整。

6.1.2 机组保护逻辑要求

6.1.2.1 保护回路中不应设置运行人员可投、撤保护和手动复归保护逻辑的任何操作手段。

6.1.2.2 保护逻辑组态时,应合理配置逻辑页面和正确的执行时序,注意相关保护逻辑间的时间配合,防止由于取样延迟和延迟时间设置不当,导致保护连锁系统因动作时序不当而失效。

6.1.2.3 单元机组的燃气轮机、余热锅炉、汽轮机和发电机之间应装设下列跳闸保护:

 a) 对于单轴机组:

  1) 余热锅炉故障发出跳闸信号后,燃气轮机应立即停止运行。

  2) 燃气轮机跳闸,汽轮机应立即停止运行。

3）汽轮机跳闸，燃气轮机应立即停止运行。

b）对于多轴机组：

1）余热锅炉故障发出跳闸信号后，其对应的燃气轮机应立即停止运行。

2）所有燃气轮机跳闸，汽轮机应立即停止运行。

3）分轴布置的一拖一联合循环发电机组，汽轮机跳闸时，除非机组具有快速甩负荷功能或有新蒸汽供热的，否则应立即停止燃气轮机运行。

6.1.2.4 表征燃气轮机或汽轮机跳闸的信号发出且发电机出现逆功率信号时，应立即解列对应的发电机。

6.1.2.5 内部故障导致发电机解列时，应立即连跳对应的燃气轮机或汽轮机；电网外部故障导致发电机解列时，除非机组具有快速甩负荷功能，否则应立即连跳对应的燃气轮机或汽轮机。

6.1.2.6 燃气轮机应具备自动停机及自动减负荷功能：

a）为了降低燃气轮机高温部件，因经常发生紧急跳闸这样恶劣的工况而降低寿命，燃气轮机保护系统除了应具备报警、连锁和保护功能外，还应具备自动停机和自动减负荷功能。

b）应设置手动复位功能，中断自动停机和自动减负荷过程，以便故障消除后，机组能重新快速恢复到先前的运行工况。

6.2 其他控制组态要求

6.2.1 具有预设功能（如阀门异常时，可预设在开位、关位或中间位）的控制功能块，应逐一检查并确保异常时该功能块的输出能使机组处于安全运行位置，并发出明显的告警信号。

6.2.2 为减少单点保护信号误动，单点保护信号优化时，有的改为三选二，有的增加证实信号改为二选二。但为防止系统

44

或装置内部软件设置不当或维护不及时导致保护误动，宜将装置内部的信号保护复归改为自动方式，信号报警改为手动复归，同时应将次一级的报警信号通过大屏上设立的综合报警信号牌报警。

7 电源、气源和油系统

7.1 电源

7.1.1 硬件配置

7.1.1.1 控制系统至少有可靠的两路独立电源供电，优先采用单路独立运行就可满足控制系统容量要求的二路不间断电源（UPS）供电，正常运行时各带一半负荷同时工作，确保电源切换时不会对系统产生影响。当采用一路 UPS、一路保安电源供电时，如保安电源电压波动较大，应增加一台稳压器以稳定电源。应通过电源系统判断功能，保证正常运行中采用 UPS供电。

7.1.1.2 对于采用一路直流、两路交流电源输入的控制系统，直流电源宜优先采用机组蓄电池电源（电压等级不一致时可采用降压措施，但需保证不影响供电可靠性）。

7.1.1.3 控制系统电源应优先采用直接取自 UPS A/B 段的双路电源，分别供给主/从站和 I/O 站电源模块的方案，避免任何一路电源失去引起设备异动的事件发生。

7.1.1.4 操作员站、工程师站、实时数据服务器和通信网络设备的电源，应采用两路电源供电，通过双电源模块接入，否则操作员站和通信网络设备的电源应合理分配在两路电源上。

7.1.1.5 TPS、ETS、GTS 等执行部分的继电器逻辑保护系统，应有两路冗余且不会对系统产生干扰的可靠电源供电。

7.1.1.6 独立配置的重要控制子系统（如 ETS、TSI、危险气体检测、火灾保护、天然气首末站、调压站、增压站、循环水泵等远程控制站及 I/O 站、ESD 电磁阀、循环水泵控制蝶阀等），应有两路互为冗余且不会对系统产生干扰的可靠电源供电。

7.1.1.7　独立于控制系统的安全系统的电源，以及要求切换速度快的备用电源切换，应采用硬接线逻辑回路实现：

　　a）硬接线保护逻辑的供电回路；

　　b）安全跳闸电磁阀的供电回路；

　　c）后备（紧急）保护或独立保护装置的供电回路。

7.1.1.8　冗余电源的任一路电源单独运行时，应保证有不小于 30% 的裕量。

7.1.1.9　公用控制系统电源，应取自不少于两台机组的控制系统的 UPS 电源。

7.1.2　电源系统要求

7.1.2.1　除有特殊要求的控制系统外，UPS 供电主要技术指标应满足 DL/T 1925 的要求，并具有防雷击、过电流、输入浪涌保护功能和故障切换报警显示，且各电源电压宜进入故障录波装置或相邻机组的 DCS 以供监视；UPS 的二次侧不经批准，不得随意接入新的负载。

7.1.2.2　控制系统应设立独立于自身的电源报警装置。机柜两路电源及切换/转换后的各重要装置与子系统的冗余电源均应进行监视，发生任一路总电源消失、电源电压越限、两路电源之间偏差大、风扇故障、隔离变压器超温和冗余电源失去等异常时，控制室内电源故障声光报警信号均应正确显示。DI 通道设置有熔断器时，宜设计有熔断器故障报警（DI 通道回路报警）。

7.1.2.3　为保证硬接线回路在电源切换过程中不会失电，提供硬接线回路电源的电源继电器，其切换时间应不大于 60ms。

7.1.2.4　UPS 电源装置应与控制系统的电子机柜保持空间距离，自备 UPS 的蓄电池，应定期进行检查维护和充放电试验。

7.1.2.5　重要的双路供电回路，应取消人工切换开关；按照 DL/T 261—2012 中的规定，所有的热控电源（包括机柜内检修电源）必须专用，不得用于其他用途。严禁非控制系统用电设备（如检修、照明、机柜风扇、电磁阀、伴热带）或干扰大的设备（如呼叫系统）使用控制系统电源。保护电源采用厂用直流电源时，应有发生系统接地故障时，不会造成保护误动和拒动的预控措施。

7.1.2.6 所有装置和系统的内部电源，应切换（转换）可靠，回路环路连接紧固，任一接线松动不会导致电源异常而影响装置和系统的正常运行。

7.1.3 维护

7.1.3.1 当采用 $N+1$ 电源配置时，应定期检查确认各电源装置的输出电流维持均衡，防止因电源装置负荷不均造成个别电源装置负荷加重而降低系统可靠性。

7.1.3.2 应将热控交、直流柜和控制系统电源的切换试验，电源熔断器容量和型号（应采用速断型）与已核准发布的清册的一致性，DI 通道熔断器的完好性，电源上下级熔比的合理性，电源回路间公用线的连通性，所有接线螺丝的紧固性，动力电缆的温度和各级电源电压测量值的正确性检查、确认工作，列入新建机组安装和运行机组检修计划及验收内容，并建立专用检查、试验记录档案。

7.1.3.3 应制定不同电源中断后的恢复过程操作步骤与安全措施。部分电源中断后，在自动状态下的相关控制系统应即刻切手动为妥，恢复过程应在密切监视下逐步进行。

7.1.3.4 控制系统在第一次上电前，应对两路冗余电源电压进行检查，保证电压在允许范围之内。一路电源为浮空时，应检查两路电源的零线与零线、火线与火线间静电电压不大于70V，防止在电源切换过程中对网络交换设备、控制器等造成损坏。有条件时，应将浮空的电源一端接零线，防止切换瞬间浮空电源与另一路电源之间电压差、引起的拉弧放电损坏切换接触器甚至造成短路跳闸情况发生。

7.1.3.5 机组 C 级检修（或至少每年一次）应进行 UPS 电源切换试验；机组 B 级检修时（或至少每 4 年检修）时，应进行全部电源系统切换试验，并通过录波器记录，确认工作电源及备用电源的切换时间、直流供电的维持时间满足设计要求（前者不大于 5ms，后者不小于 30ms）。

7.1.3.6 控制系统采用 DI 采样集中供电方式时，应将用于保护连锁的信号与其他信号分开供电，使用双路电源并将冗余设置的信号分配在不同电源供电的回路中。

7.1.3.7 一用一备、几用一备等的重要辅机动力电源，应分别接至不同电气母线段，操作电源也应接至不同的母线段。

7.1.3.8 电磁阀供电电源，应满足下述要求：

a) 单线圈电磁阀：采用交流电源时，宜由两路电源输入经电源切换装置后供电；采用直流电源时，宜由两路电源分别经 AC/DC 变换后再经隔离装置并联供电。

b) 双线圈电磁阀：采用交流电源时，宜由两路电源输入分别供电；采用直流电源时，宜由两路电源分别经 AC/DC 变换后经隔离装置并联供电。

7.1.3.9 电源切换装置应能保证切换时间，满足电磁阀不动作的要求，不应在电源切换装置后配置独立 UPS 装置。

7.1.3.10 电源熔断器容量和型号（应速断型）应与已核准发布的清册的一致性，保证电源上下级熔比的合理性。

7.1.3.11 电源电压应满足下述指标要求：

a) 220V（110V）交流电源的电压波动不大于±5％；

b) 220V（110V）直流电源的电压波动不大于±5％；

c) 48V 直流电源的电压波动不大于±5％；

d) 24V 直流电源的电压波动不大于±5％；

e) 直流输出交流纹波各档数值应小于 50mV；

f) 110V DC 应进行接地检查，110V 两端对地电压应分别为＋55V DC、－55V DC，且无异常报警。

7.1.3.12 电源相关切换试验，不应仅仅"采用断电的形式对电源切换功能进行试验"，而应在接近故障时可能发生的最差工况下进行，模拟电源下降过程的电源切换动作点进行试验，通过对切换电压与系统供电电源需求进行比对，确保切换电压大于系统设备运行需求的电压下限，以保证故障情况下电源切换时热控设备的正常工作。

7.1.3.13　通常电源模块的寿命要小于控制系统控制器和 I/O 模块，应记录电源的使用年限，宜在 5～8 年左右进行更换，最长不宜超过 10 年。

7.2　气源

7.2.1　气源配置与安装

7.2.1.1　仪用空气压缩机应冗余配置，气源母管及控制用气支管材质应满足防腐、防锈要求；所有用气支管和测量仪表均应有隔离阀门，气源储罐和管路低点应装有自动疏水器。

7.2.1.2　仪用压缩空气系统的运行、压力、故障等信号，引入辅助车间控制系统或就地独立控制装置的同时，还应引入对应单元控制系统进行监控并进入声光报警系统。仪用压缩空气最远端应设计压力信号供监视和报警。为防止输出继电器、通道或中间控制回路失常而导致仪用空压机系统运行异常，控制系统中，空压机的启停指令应为短脉冲信号，空压机就地控制装置应具有自保持功能。

7.2.1.3　气源管路途经温度梯度大的场所（高温到低温或室内到室外）时，其低温侧管路应有良好的保温。布置于环境温度有可能低于 0℃ 的设备，所处位置的气动控制装置应有防冻措施（增设保温间和伴热等），防止结露、结冰引起设备拒动或误动。

7.2.1.4　仪用气源母管以及送到设备使用点的气源压力，应自动保持在 450～800kPa 范围内，满足气动仪表及执行机构工作的压力要求。气源（包括燃气轮机压气机排气或抽气）质量应符合 GB 4830 中有关规定和指标。为保证气源质量，燃气轮机压气机排气或抽气不宜作为气动执行机构的气源。

7.2.2　维护

7.2.2.1　应定期清理或更换过滤器滤网，保持装置通风良好；定期维护并检查、确认气源仪控设备和管路无泄漏，自动疏水功能和防冻措施可靠；设备启动前，减压过滤装置工作正常。

7.2.2.2　应定期试验，确认报警和保护功能正常；当仪用空压机全部停运时，储气罐容量能保持仪控设备正常工作时间不少于10min。

7.2.2.3　仪用气源不得挪作他用，当用杂用气源作为后备气源时，应有相应的安全措施。其质量宜在每年入冬前进行检测。

7.2.2.4　仪用气源管路、阀门的标志，应齐全且内容准确。

7.2.2.5　采用天然气作为气源的执行机构，其气源回路材质应采用不锈钢管，管间连接不宜采用卡套接头。

7.3　油系统

7.3.1　燃气轮机润滑油及安全油系统

7.3.1.1　润滑油压力测点应选择在油管路末端压力较低处（禁止选择在注油器出口处），以防止取样点压力不能真实反映末端压力，而造成保护拒动的事故发生。

7.3.1.2　为保证机组在失去交流电或失去润滑油压力跳闸时，不因失去转速信号而停止直流润滑油泵运行，宜延长润滑油泵的运行时间，此延时时长可参考机组从额定转速减速至零转速所需的时间。

7.3.1.3　润滑油压低报警、联启油泵、跳闸保护、停止盘车等信号的测点安装位置及定值，应按制造商要求安装和整定，整定值应保证机组安全跳闸停机的同时，保证直流油泵联启；应采取现场源点处通过物理量变化的试验方法进行压力开关的系统校验，当润滑油压低时应能正确、可靠地联动交流、直流润滑油泵。

7.3.1.4 应采用测量可靠、稳定性好的液位测量方法和三取二信号判断方式，设置主油箱油位低跳机保护，保护动作值应考虑机组跳闸后的惰走时间。

7.3.1.5 按规定周期检验油质，确认满足 DL/T 571 标准要求。三种主流 F 级机组液压油油质要求见表 1。

表 1　　　　三种主流 F 级机组液压油油质要求

机组类型	西门子 F 级	通用电气 F 级	三菱 F 级
油质要求（NAS1638）	≤6 级	≤6 级	≤6 级

7.3.2 燃气轮机液压油系统

7.3.2.1 联合循环机组，为防止某些工况（包括试验）下，油动机（如主汽门和主汽调门）较大动作时引起油压变化而影响其他油动机正常工作，宜在油管路末端对液压油压力进行监视和报警。

7.3.2.2 应定期进行液压油的油质检验，一旦出现油质指标偏离 DL/T 571 标准要求，应及时进行滤油，以保证液压油的油质满足运行要求。

7.3.2.3 应定期将伺服阀送至有资质和能力的单位进行检查、清洗和校验，以防止因伺服阀故障而导致阀门失控或系统控制不稳。检修单位或人员不具备专业知识及检修设备时，不得擅自分解伺服阀。备用伺服阀应按制造厂的条件要求妥善保管。

7.3.2.4 采用三取二停机模块的电液系统，应将电液系统三取二停机模块的压力补偿流量控制孔更换为固定的节流孔。

7.3.2.5 位置反馈信号应设置故障报警，行程开关同向位置偏差也应设置故障报警。

8 检修

8.1 控制系统

8.1.1 控制系统检修

8.1.1.1 应健全规范化的检修工艺和流程，做好风险评估和防范措施，做好控制系统停送电顺序、模件拔插、绝缘测试及通道测试，防止静电或串入高电压损坏模件。

8.1.1.2 机组检修时，确保拔插模件及吹扫时的防静电措施可靠，吹扫的压缩空气有过滤措施（保持干燥度，最好采用氮气），吹扫后保证模件及插槽内清洁，以防止模件清扫后故障率升高。将控制系统内的风扇运转、模件状态等情况的检查列入巡检内容。

8.1.1.3 检修时应重点做好不限于以下的检修维护工作，认真做好检修、测试记录，并对检修后控制系统的总体状况做出评估：

    a）控制模件标志和地址检查；

    b）组态拷贝，清除废弃软件；

    c）检查屏蔽接地及系统接地；

    d）端子接线紧固检查；

    e）电源电压等级及接地电阻测试；

    f）冗余设备的切换试验；

    g）报警及保护功能测试；

    h）模件精度校验等。

8.1.1.4 电源线路及元件检修、清扫和组装后，应系统进行切换试验和性能测试。应仔细检查电源模件的冷却风扇工作状况良好，并对其积灰进行清洗、吹扫，发现异常及时更换，以防运行中因机柜温度过高，诱发模件工作不稳定或故障发生。

8.1.1.5 通信网络检修中，应检查数据高速公路接插件的连

燃气轮机发电机组热控系统可靠性优化与故障预控 ························

接可靠性,清除积灰及污垢,检修结束后应进行切换试验,确保通信网络有效。

8.1.1.6 操作员站检修维护,内容包括清扫、画面切换时间和操作响应时间测试等。操作员站的硬件检查程序、受电试验、诊断、软件装载试验等,应严格按照厂家程序进行。

8.1.1.7 加强外围控制系统及公用系统的检修隔离措施检查,避免相邻机组或设备在检修施工中,热工信号的相互干扰影响。

8.1.2 检修过程可靠性预控

8.1.2.1 检修应注意下列安全事项:

　　a) 在有爆炸危险的区域工作前,应在静电释放球处释放静电,使用铜质(防爆)工具,交出火种和移动通信设备,着装符合防爆要求;

　　b) 接触控制系统模件前,应戴防静电手环或采取相应防静电措施;

　　c) 工作前仔细核对设备名称及编码,核对无误后方可工作。

8.1.2.2 系统停运前检查画面,不符合下列要求的做好详细记录,列入检修项目:

　　a) 显示的工艺流程及参数应与工艺流程相符;

　　b) 同参数显示偏差应不大于测量系统允许综合误差;

　　c) 系统中应无坏点信号;

　　d) 停机过程中,检查系统各部分的工作情况,应无异常。

8.1.2.3 系统停电后应进行以下检查,并对检查发现的问题进行处理:

　　a) 相关的电源、气源、接地和环境条件,按本措施 8.4 要求进行检查;

　　b) 硬件检查应包括:控制模件设置检查、I/O 模件设置检查、系统网络和通信设备检查、通电前接地系统及电缆连接检查。

8.1.2.4 系统通电后的检查和试验，应该包括以下内容：

    a）硬件检查及试验应包括：电源模件、通信模件和控制模件等的无扰动切换；

    b）软件检查及试验应包括：参数量程及报警限值，控制软件逻辑、定值、参数设置，控制系统相关画面显示；

    c）设备检修，除按照 DL/T 774 和 DL/T 1925 相关要求执行外，应确认燃气轮机控制系统有关的主、辅设备可控性和调节裕量满足运行要求。

8.1.2.5 应对测点所属系统进行分类（如主汽系统的测点、易燃易爆的介质测点、与系统介质直接接触的测点等），以便检修时，明确测点与就地系统的连接关系，及时采取可靠的防范措施，防止因错用工器具或检修方法错误而引发不安全现象（如检修氢气系统的测点时，必须使用铜制工具；检修燃油、润滑油管道或设备上的温度测点时，必须考虑测点是否直接插在油内，如果直接接触就不能擅自拆卸测点以防止跑油等）。

8.1.2.6 现场开展计划性作业前，应有详尽的技术措施文件。作业时，应在监护人员监护下严格执行。

8.1.2.7 机组检修后，投运前，应检查所有机械连接可靠、保险部件处于有效状态，电缆接线无松动且良好接触，处于振动环境中的接线端子和接插件，应定期进行检查。

8.2 设备检修

8.2.1 设备环境

8.2.1.1 提高和改善热控设备的环境条件，就地设备接线盒（如执行机构）密封防雨、防潮、防腐蚀，有条件的话加装防雨罩。热控设备应尽量安装在仪表柜内，远离热源、辐射、干扰场所；必要时对取样管、仪表管路和现场仪表柜内采取防冻伴热等措施。

8.2.1.2 在大雨、大雾天气或过后，应对现场安装的热控设备进行检查、测量或试验，以便及时掌握设备状况，保障安全运行。对安装在比较潮湿、具有腐蚀性环境下的热控设备，应适当增加检查测试次数。

8.2.1.3 燃气轮机控制系统控制柜温度较高的，应完善控制柜的通风设计，条件许可时可在控制柜增加空调等降温设施，以降低控制柜内温度，减少硬件故障发生率。同时增加控制柜内温度测量和报警，在燃气轮机操作画面中显示控制柜温度，当温度超限时发出明显的报警。

8.2.1.4 加强系统环境监视，严格控制电子间温湿度要求。避免温度偏高、设备积灰影响设备寿命，做好定期设备巡检，宜编制控制系统专门的检查表。

8.2.2 取样装置与管路

8.2.2.1 火焰检测取样套管间以及与冷却水管的连接应密封可靠，确保冷却效果良好。

8.2.2.2 测量取样装置及管路安装，应符合 DL/T 1925、DL/T 261规程和本措施要求。

8.2.2.3 冗余配置的冗余信号，从取样点（包括取样装置、仪表阀门、取样管路等）到测量仪表的全程，均应独立配置。

8.2.2.4 一次阀门应便于操作，标志牌内容和安全等级色标正确。

8.2.2.5 机组真空、排汽压力及气体测量取样回路的布置，应确保倾斜向上，避免取样管路的 U 形布置。取样管径应适当加大，保证凝结水流动不影响测量取样的准确性。

8.2.3 仪表检修

8.2.3.1 监控仪表与装置的检修，应满足本措施 5.2 的要求。

8.2.3.2 对长期处于高温下运行的热工设备（如火焰检测放大器、燃料阀模块电磁阀等）应移位或增加散热措施，以保证热工设备运行正常。

8.2.3.3 当传感器引起线与电缆采用航空插头连接时，应保证焊接可靠，拧紧航空插头接头，航空插头电缆出线应用耐油密封胶密封牢固。

8.2.3.4 检修维护过程，应防止隐患，如：

　　a）遗留杂物；

　　b）螺丝固定未放弹簧片，未旋紧或旋得过紧；

　　c）机械间连接时未安装防脱销或销未开口；

　　d）TSI 传感器延伸电缆连接头未加热缩管；

　　e）接头接触点被污染引起阻抗变化；

　　f）装错仪表；

　　g）管接头松动；

　　h）串并连压力开关盒盖错位；

　　i）用错材料；

　　l）接线错误。

8.3　电缆与接线

8.3.1　电缆敷设

8.3.1.1 电缆的敷设，应符合 DL/T 5190.4 和 DL/T 261 规程要求，敷设过程不应受到挤压、紧夹或受力拉伸，应避免穿过过度弯曲的套管、电缆槽或使电缆接线片、螺纹孔受损情况发生，高压点火电缆弯曲半径应不小于 200mm。

8.3.1.2 电子设备间设计无电缆夹层时，其电缆桥架应设计供检修维护用人行通道。

8.3.1.3 燃气轮机机组危险区域（0 区 和 1 区）的仪表、电缆、管路检修后，应全面检查满足以下要求：

　　a）采用耐压防爆的金属管，穿线保护管之间以及保护管与接线盒、分线箱、拉线盒之间，均应采用圆柱管螺纹连接，螺纹有效啮合部分应在 5～6 扣以上。需挠性连接时应采用防爆挠性连接管。

  b）保护管与现场仪表、检测元件、电气设备、仪表箱、分线箱、接线盒、拉线盒等连接时，应在连接处 0.45m 以内安装隔爆密封管件，对 2 寸以上的保护管每隔 15m 应设置一个密封管件。

8.3.1.4 所有进入控制系统的控制信号电缆，应采用质量合格的屏蔽阻燃电缆。

8.3.1.5 应有可靠性控制措施，防止信号电缆外皮破损、电缆敷设不当、老化及绝缘破损、槽盒进水、电缆中间接头锈蚀、现场接线柱受潮、端子生锈等情况发生。

8.3.1.6 防止电缆进水，如电缆有潮湿现象，应用热空气枪或吹风机进行干燥处理；应防止金属屑、溢出油脂、指纹污渍留存点火电缆与点火电极的连接处；清除污渍时，不能用白色玻璃纤维材质的布物擦拭；应确认高电压部件至接地设备之间的安全距离不小于 7mm。

8.3.1.7 控制和信号电缆的安装敷设及电缆的连接，应列入基建机组和检修机组的电缆安装质量验收项目并建档保存。

8.3.2 电缆接线

8.3.2.1 做好检修后热工控制柜内接线的紧固检查、回路绝缘检查。制定电缆屏蔽、接线端子连接定期检测、紧固制度并实施。防止航空插头松动和航空插头虚焊、探头延伸电缆连接处防护不当、靠近高温油且采用自黏胶带密封不严带来的接头松动、接头内含有杂质以及就地和机柜接线端子松动或接线端子氧化情况的发生。

8.3.2.2 应尽可能避免同一端子上接入三个及以上信号线，以免虚接带来信号异常情况发生，如同一信号必须接多个信号线时，宜采用扩展端子；如实施不了时，应采用线鼻子压接方式（但注意单根与多股信号线，应采用不同的工业标准线鼻子，如用多股线缆的线鼻子压接独股线时，易产生信号不稳定现象)。

8.3.2.3 将接插件、电缆接线、通信电缆接头、接线规范性(松动、毛刺、信号线拆除后未及时恢复等现象)、重要系统电缆的绝缘测量等检查,列入机组检修的热工常规检修项目中,检修后进行抽查验收,用手松拉接线确认紧固,如发现松动等不规范问题时,应扩大抽查面直至全面检查,确保消除因接线松动等而引发保护系统误动的隐患。

8.3.2.4 电源、重要保护连锁和控制电缆,燃气轮机、汽机和锅炉处在高温、潮湿等恶劣环境下的热控设备电缆,在机组检修期间应进行电缆绝缘检测,记录绝缘电阻并建档且溯源比较,如有明显变化应立即查明原因,必要时应及时更换问题电缆,以减少因为电缆短路、断路而造成的热控系统误动、拒动事件的发生。

8.3.2.5 在设备拆卸时应做好相应的标记,做好定值等相关原始记录。在接线端子拆线前应对每一根线都做好清晰的标记,在恢复接线过程中应防止漏接和接错线,造成设备误动或拒动。

8.4 设备防护

8.4.1 控制系统接地

8.4.1.1 应根据控制系统或设备要求,确定控制系统接地连接方式。对于要求一点接地的控制系统,应确保控制系统涉及范围内一点可靠接地,且控制系统接地电阻符合 DL/T 774 要求。对于要求多点接地的控制系统,应在控制系统涉及范围内敷设等电位带,保证所有接地点为等电位连接。

8.4.1.2 接地连接应采用铜接线片冷接(或焊接)和镀锌钢制螺栓,并采用防松和防滑脱件紧固,保证全程接地连接点正确、牢固,并具备良好的导电性。

8.4.1.3 控制机柜内各类接地连接,应直接连接接地汇流排或接地点，不应以机柜内支撑架、接线端子固定支架等作为逻辑地、信号地的公共接地点。各类接地连线中严禁接入开关或熔断器。

8.4.1.4　机组检修中，检查确认热控电缆屏蔽层接地方式应符合控制系统设计要求。其中要求单点接地的控制系统，单端接地点的选择应按取用原则来处理，如从电气专业送到控制系统盘柜的反馈信号（位置、故障和模拟量信号），均应在控制系统侧做单端接地或通过隔离器输入；从控制系统盘柜送出给电气专业的控制指令（合、跳闸或其他指令），应在电气保护盘侧做单端接地，通过隔离器输出的信号电缆可以采用两端接地。

8.4.1.5　机组检修后或长期停运后启动前，应检查系统接地情况，确认连接可靠。

8.4.2　电源谐波干扰防护

8.4.2.1　电焊机作业可能干扰热工系统的正常运行。因此机组运行中，参与保护连锁的现场设备和机柜，在试验确定的距离内，不宜进行电焊作业，不宜使用手提机械转动、切割工具进行作业。如必须进行作业，需制定并做好相关的安全防护措施。

8.4.2.2　对可能引入谐波污染源的检修段母线电源、照明段母线电源等加装谐波处理装置，以防止其他设备使用检修段电源时，产生的谐波污染干扰热工系统工作。

8.4.2.3　检查、确认热工设备与控制系统电子室的防干扰措施，应满足本措施 3.3.3.5 要求。

8.4.3　防人为误动措施

8.4.3.1　应利用机组检修机会，认真排查梳理现场标识牌的准确性，对测点安全属性（保护、控制、报警等）进行分类，确认现场仪表阀、表计和执行设备、就地变送器柜及压力开关柜、电子室机柜、端子排接线的标识，满足本措施 3.3.5 要求。

8.4.3.2 现场及控制台、屏上的紧急停机停炉操作按钮，均应有防误操作安全罩。

8.4.3.3 机组就地紧急停运操作按钮信号采用常闭接点串接进入保护回路，任一接点松动即引起保护动作。因此，应加强日常检查，必要时将操作按钮移至可靠的位置。

8.4.3.4 热工现场设备标识牌，应通过颜色标识其重要等级。所有进入热控保护系统的就地一次检测元件以及可能造成机组跳闸的就地元部件，其标识牌都应有明显的高级别的颜色标志，以防止人为原因造成热工保护误动。

8.4.3.5 机柜内电源端子排和重要保护端子排应有明显标识。在机柜内应张贴重要保护端子接线简图以及电源开关用途标志铭牌。线路中转的各接线盒、柜应标明编号，盒或柜内应附有接线图，并保持及时更新。

8.4.4 现场设备防护

8.4.4.1 检测探头安装在高温区域时，应定期检查现场高温区域温度，如发现高温泄漏情况应及时查明原因并消除。无法消除时，应选用耐温更高等级的探头，或通过敷设检修压缩空气气源管路，对探头和相关电缆进行冷却。

8.4.4.2 停机或检修时，应对排气温度热电偶元件进行检查，确保接线牢固、接触良好，对磨损严重的元件应及时更换。

8.4.4.3 定期检查热工自动化设备涉及的防腐、防水、防高温、防干扰、防尘和保护用设备的防人为误动措施，应完好、有效；寒冷季节，应定期检查汽、气、水测量管路的伴热效果，确保满足防冻要求。

8.4.5 设备与管路防冻

8.4.5.1 加强伴热保温措施的监督管理。应对给水、蒸汽、风烟、化水等系统中就地仪表防护措施建立完善的技术台账，杜绝伴热疏漏的现象。在检修过程中，应依据伴热系统的使用情况，安排检修计划和检修项目，保证其完好性。冬季来临前，应及时试验、投用现场仪表伴热系统，消除伴热带开路、短路、绝缘下降、蒸汽伴热管道锈蚀、阀门泄漏等隐患，保证伴热系统的完好性。

8.4.5.2 落实伴热投退制度和定点、定时巡检措施，确保伴热系统处于正常投用状态。严寒天气时，应严密监视主蒸汽压力、给水流量、汽包水位等信号的运行状态，一旦发现仪表管受冻征兆迅速处理。

8.4.5.3 开展技术改造，提升伴热系统的可靠性。通过在伴热管线上加装测温元件，实时监测仪表管实际温度，准确获取仪表管伴热保温效果。在此基础上，将检测温度运用于伴热切投自动控制，提升伴热系统自动化水平。相关信号可接入控制系统，实现远程监视，提高伴热系统技术监督水平。

8.4.5.4 提升伴热系统的适应性。为了有效应对极寒天气的影响，伴热系统的设计应具备一定的裕度，以满足正常环境和偶发恶劣天气的要求。可设置多回路电伴热、蒸汽伴热措施，使伴热系统具备可调节的伴热等级，依据环境温度需要，选择适当的伴热系统投用方式。在管理工作中，建立极寒天气应急预案，制定临时性的防寒防冻措施，并储备相应的物资，提前准备实施计划。

8.4.5.5 加强对热工现场设备漏水、积水防护的规范性检查，对电缆入口朝向不合理的行程开关进行位置调整或防护，消除渗漏隐患；重视仪表柜入口部位的局部保温。

8.4.6 信息安全

8.4.6.1 应建立有针对性的控制系统防病毒措施，未经测试确认的各种软件，严禁下载到已运行的控制系统中使用。

8.4.6.2 按照《电力系统监控安全防护规定》36 号文要求及相关网络安全管理要求，对监控系统开展安全评估测评工作，切实保证机组监控网络与信息系统的安全稳定运行。

8.4.6.3 加强网络与信息安全管理。提高网络与信息安全认识，加强组织领导，完善相关工作制度、流程，增强信息安全防范意识，派送技术人员参加相关信息安全培训，切实提高网络与信息安全管理水平。

8.4.6.4 完善网络与信息安全应急预案。规范编制应急预案，并及时进行应急演练并对发现的问题进行整改，提高网络与信息安全应急处理水平。

8.4.6.5 对机组生产监控系统进行排查，对国内外电力生产监控系统信息安全状况开展专题研究，提出切实可行的风险防控及安全防护措施，避免类似事件（事故）的发生。

9 技术管理

9.1 可靠性预控

9.1.1 按 DL/T 1340 要求制订切实可操作的故障应急处理预案

9.1.1.1 应对因控制系统的设备隐患、故障引起的运行机组和辅机跳闸故障，按 DL/T 261 规定进行分类、分级统计与管理。

9.1.1.2 当全部操作员站出现故障时（所有上位机"黑屏"或"死机"），若主要后备硬手操及监视仪表可用且暂时能够维持机组正常运行，则转用后备操作方式运行，同时排除故障并恢复操作员站运行方式，否则应立即停机。若无可靠的后备操作监视手段，应停机。

9.1.1.3 当部分操作员站出现故障时，应由可用操作员站继续承担机组监控任务（此时应停止重大操作），同时迅速排除故障，若故障无法排除，则应根据当时运行状况酌情处理。

9.1.1.4 当系统中的控制器或相应电源故障时，应采取以下对策：

    a) 辅机控制器或相应电源故障时，可切至后备手动方式运行并迅速处理系统故障，若条件不允许则应将该辅机退出运行。

    b) 调节回路控制器或相应电源故障时，应将自动切至手动维持运行，同时迅速处理系统故障，并根据处理情况采取相应措施。

    c) 涉及机组保护控制器或电源故障时，应立即采取相应的安全措施后即时处理（更换或修复对应部件）；处理过程，应做好控制器初始化异常输出的防护措施。若无法消除（更换、修复保护控制器或确保保护电源可靠供电），应停机处理。

9.1.2 控制系统及热控保护操作管理

9.1.2.1 工程师站、电子间等场所，应制定完善的管理制度，有条件的应装设电子门禁，记录出入人员及时间。

9.1.2.2 对控制系统设置操作权限，划分相应的操作级别，严格管理权限密码，防止逾越权限发生操作。

9.1.2.3 规范控制系统软件和应用软件的版本管理，软件的修改、更新、升级必须履行审批授权及责任人制度。在修改、更新、升级软件前，应对方案进行评估，对软件进行备份。

9.1.2.4 控制系统的信息安全防护工作应满足本措施 8.3.7 要求。

9.1.2.5 应制定详细的热控保护投退及热控保护定值校验修改操作方法（如制作投退保护操作卡、操作人员与监护人员职责等），并经实际验证正确可靠；规范和统一热控检修人员的标准操作行为，防止误投、误退保护和误修改保护定值事件发生。

9.1.2.6 热控保护与自动调节共用变送器（如测量水位、压力、流量等信号，经三取二逻辑实现保护逻辑功能的系统）时，在进行变送器问题处理前，应进行名称核对，确认自动和保护系统已正确退出。运行过程中，不应随意对变送器的测量取样管路进行排污。

9.1.2.7 实行热工逻辑修改、保护投撤、信号的强制与解除强制过程监护制（监护人对被监护人的操作进行核实和记录）。在机组检修期间对控制逻辑的修改，应制定与下装逻辑制度、反事故措施和操作方案并严格执行。控制逻辑下装及修改，应进行权限设定和密码保护，并由热控专人按相关管理制度执行；组态好的逻辑应及时编译，没有任何报错后再进行下装，下装后应要做好备份。

9.1.2.8 严禁在历史站对设备进行操作。对控制系统设置操作权限，划分相应的操作级别，并严格管理权限密码，严防逾越权限发生操作。

9.1.3　巡检与监督检查

9.1.3.1　制定设备巡检管理制度，编制日常巡检卡，并根据各厂的具体情况制定应特别关注的设备或信息清单；对巡检路线、巡检内容和巡检方法进行细化、明确。

9.1.3.2　完善控制系统工作环境监测，通过日常巡检及时发现问题并处理，确保 DCS 工作环境条件满足要求，并借助红外热成像仪定期进行电源模件、电源电缆及重要接线端子的运行温度状况的检测并建立档案，通过对比发现温度变化异常时及时处理。

9.1.3.3　专业人员应认真履行每天的例行巡视检查工作，保证巡回检查不流于形式，坚持看、听、摸、测、查、调的现场设备巡检法，记录电子间的电源、CPU、I/O 以及现场设备的工作状况，查阅控制系统事件记录、系统报警信息以及详细报告，发现控制器、通信模件、网络、电源等异常时，及时通知运行人员并迅速做好相应对策后及时处理，切实将现场设备的隐患消灭在萌芽状态之中。管理人员应加强对巡检质量的监督和检查。

9.1.3.4　完善控制系统设备台账，包括设备的使用时间、设备的性能、设备的软硬件版本（包括备品备件）、设备异常/故障情况登记表、控制系统设备投停档案及装置模件损坏、更换、维护档案。定期分析控制系统运行情况和存在问题，开展模件设备寿命评估，不断提高系统的可靠性。

9.1.3.5　根据控制系统特点制定相应的运行维护方法（如工作站停电时，一定要先执行软件停机程序后再断电，严禁随意进行工作站停、送电操作）。应加强数据高速公路的维护保养，不得随意触动数据高速公路的接插件，更不允许碰撞数据高速公路线缆，以免威胁机组的安全运行。

9.1.4　安全风险有效识别

9.1.4.1　应通过技术监督管控，从人员、设备、技术等环节对热控系统存在的安全风险进行有效识别，对重要测量元件、信号回路、模件、软件功能进行排查，采取有针对性的风险防范措施并指导热控设备运行维护工作，提高风险预控能力。

9.1.4.2　对于热控设备出现的故障缺陷，应严格执行缺陷管理制度，及时消缺并做好风险管控措施，防止故障影响范围扩大。在检修工作中，重视元件校验和系统定期试验工作，以周期性检定、校核、试验等手段保证热控设备的完好性。

9.1.4.3　在电力行业标准 DL/T 1925 和 DL/T 261 规程的基础上，结合本措施要求，编写适合本电厂实际需求的热工自动化系统检修运行维护规程，付诸实施。

9.2　检修运行与管理

9.2.1　定期试验与管理

9.2.1.1　机组 A 级检修后，均应根据 DL/T 659 和 DL/T 1925 要求，进行控制系统基本性能与应用功能的全面检查、试验和调整，以确保各项指标达到规程要求。整个检查、试验和调整时间。

9.2.1.2　应根据 DL/T 1925 规定，结合系统与设备的重要性分类和可靠性级别、在线运行质量和实际可操作性，制定热工自动化系统与设备的试验周期并实施管理。

9.2.1.3　控制系统在调试及检修后（或停机时间超过 30 天后、启动前），应对所有保护回路、控制器、网络和电源的冗余切换，分别进行试验。

9.2.1.4　热工保护连锁试验中尽量采用物理方法进行实际传动，如条件不具备可在测量设备校验准确的前提下，在现场信号源点处模拟试验条件进行试验，但禁止在控制柜内通过开路或短路输入端子的方法进行试验。

9.2.1.5 规范热工保护连锁系统试验过程，减少试验操作的随意性，确保试验项目或条件不遗漏；保护连锁系统试验应编制规范的试验操作卡（操作卡上对既有软逻辑又有硬逻辑的保护系统应有明确标志）；检修、改造或改动后、停机时间超过30天后的控制系统，均应在机组起动前，严格按照修改审核后的试验操作卡逐步进行试验；保护连锁系统中某个元件或部件检修后，必须经试验合格后才能投运。

9.2.1.6 应每三个月对易燃气体探头进行校验，当探头暴露在超过爆炸浓度下限值的易燃气体中超过规定时间，或在系统发生易燃气体超限报警后，或新更换探头、模件后，均应重新校验探头或系统。

9.2.1.7 TSI 的涡流探头、延长电缆及前置器，须成套校验并随机组大修进行，但瓦振探头的校验周期不宜超过2年。

9.2.1.8 连锁试验时，对每个轴振保护进行一一确认（对既有硬逻辑又有软逻辑的保护系统，连锁试验单上要特别注明，并分别进行试验）。

9.2.1.9 定期检测转速探头的电阻值，记录并观察变化趋势，若发现有劣化迹象，应及时处理，有效减少机组设备非计划停运的发生率。．

9.2.2 运行维护与管理

9.2.2.1 运行中定期检查与自动保护相关的测量信号历史曲线，若有信号波动现象，应引起高度重视，及时检查处理（检查系统中设备各相应接头是否有松动或接触不良，电缆绝缘层是否有破损或接地，屏蔽层接地是否符合要求等）。任何时候，一旦出现信号异变，热工人员应及时检查原因并保存异常现象曲线，注明相关参数后归档。

9.2.2.2 应定期测量各 TSI 测点的间隙电压，并结合当前状态与以前的记录进行分析，一旦偏差超过规定值，应及时利用停机机会进行调整，并做好记录。

9.2.2.3 基于直流电压对控制系统的重要性，在日常维护中应定期进行信号电源板电压的测量，通过系统诊断对模件直流电压进行检查，当模件电压不正常时，应及时进行分析，消除故障点。

9.3 基础管理

9.3.1 技术资料管理

参考 DL/T 1925、DL/T 261 规程。

9.3.2 人员培训

9.3.2.1 热工人员是提高热控系统可靠性的关键因素，控制人员的不安全行为是消除人为事故最根本的保证。因此，应总结热控检修人员防误操作的方法、经验与教训，贯穿于平时全员技术培训工作中，以规范热控人员的正确操作方法，提高检修人员安全意识、专业水平和防误能力。

9.3.2.2 应重视生产监控系统厂商技术交底，包括系统原理结构、网络设计、通信原理、设备配置等，做好相关技术沟通与培训。

9.3.2.3 开展技术操作比武竞赛，出台激励政策，调动热工专业人员自觉学习和一专多能的积极性，功底扎实的专业和管理技能，提高机组监控系统自主运行维护能力，减少对制造厂商的依赖。

9.3.2.4 增强电厂网络与信息安全专业技术力量。对相关岗位维护人员进行专业能力培训考核，提高热控专业人员的网络设备配置、系统网络原理、网络与信息安全方面的专业技术水平。

9.3.2.5 加强对外包维修人员技术水平的评价与鉴别，认真做好外包维修工作的验收把关工作，以降低一些技术水平低、待遇差的外包维修人员，可能造成热控设备可靠性下降的影响。

9.3.2.6　提高人员素质、培养良好习惯是一项持之以恒的工作，应鼓励专业人员外出学习、接受更多的培训，积极收集更多的典型故障案例，组织对典型故障案例的发生、查找与处理过程的分析讨论，通过积极探讨然后去制定适合本厂的预控措施。

9.3.3　备品备件贮存

9.3.3.1　热工备品备件应贮存在温度不超过－10℃～＋40℃、相对湿度不超过10％～90％（或满足制造厂的要求）、无易燃易爆及无腐蚀性气体、且无强烈振动、冲击、强磁场和鼠害的环境中。

9.3.3.2　对需要防静电的模件，应用防静电袋包装或采取相应的防静电措施后存放。存取时应采取相应的防静电措施，禁止用手触摸电路板。

9.3.3.3　对于有特殊要求的备品备件，应按制造厂要求进行贮存和定期检查。

9.3.3.4　已开封检验的备品备件或已检修后的计算机备品备件，宜每半年检查一次，检查内容有：

　　a）表面清洁、印刷板插件无油渍，元件无异常；

　　b）软件装卸试验正常；

　　c）各种模拟量、开关量输入、输出模件，装入测试软件正常工作不少于48h以上；

　　d）冗余模件的切换试验正常；

　　e）检查后应填写检查记录，并贴上具有试验日期的合格标志。

9.3.3.5　建立事故备品管理制度，影响机组运行的重要模件需列入事故备品清册进行储备，并专人管理，采购时做好验收工作。

9.3.3.6 当控制系统生产厂家对系统升级时，如仅对模件内软件升级，应同时对备品备件进行升级。

9.3.4 做好专业间配合工作

9.3.4.1 热工保护系统误动作的次数，与有关部门的配合、运行人员对事故的处理能力密切相关，类似的故障有的转危为安，有的导致机组停机。一些异常工况出现或辅机保护动作，若运行操作得当，可以避免主保护动作。运行人员应做好事故预想，完善相关事故操作指导，提高监盘和事故处理能力。

9.3.4.2 有关部门与热工良好的配合，可减少误动或加速一些误动隐患的消除；因此除热工需在提高设备可靠性和自身因素方面努力外，需要热工和机务的协调配合和有效工作，达到对热工自动化设备的全方位管理。